NÈGRE JE SUIS, NÈGRE JE RESTERAI

Collection « Itinéraires du savoir »
dirigée par Hélène Monsacré

Aimé Césaire

NÈGRE JE SUIS,
NÈGRE JE RESTERAI

Entretiens avec Françoise Vergès

Itinéraires du savoir

Albin Michel

Ouvrages de Françoise Vergès

Esclave et citoyen, Gallimard, 1998
(avec Philippe Haudrère)

*Abolir l'esclavage : une utopie coloniale.
Les ambiguïtés d'une politique humanitaire*,
Albin Michel, 2001

La République coloniale. Essai sur une utopie,
Albin Michel, 2003
(avec Nicolas Bancel et Pascal Blanchard)

Amarres. Créolisations india-océanes, L'Harmattan,
2005 (avec Carpanin Marimoutou)

*Pour un Musée du temps présent : la Maison
des civilisations et de l'unité réunionnaise*,
Réunion-Graphica, 2005

Introduction

En juillet 2004, je suis partie à la rencontre d'Aimé Césaire à Fort-de-France, en Martinique. Je lui avais écrit pour lui demander de m'accorder des entretiens, et il m'avait répondu de manière positive, proposant même de les réaliser au plus tôt. Il me reçut dans son bureau de l'ancien bâtiment de la mairie, qu'il dirigea pendant cinquante-six ans. Cet homme, que je rencontrais pour la première fois, fut extrêmement courtois, à la fois attentif et distant, timide et familier, intéressé et dubitatif. Je lui remis quelques livres ; son attention se porta immédiatement sur deux éditions récentes de classiques grec et latin. Il avait été féru de textes classiques, notamment de tragédie grecque, et le demeurait. En revanche, les livres d'histoire et d'art ne l'intéressèrent pas outre mesure. Très vite, il me fit préciser mes objectifs et se montra sceptique sur l'intérêt que pourraient présenter des entretiens avec lui. Il refusait de croire que ses textes puissent encore avoir un écho, et fut très surpris d'apprendre que mes étudiants de l'Université de Londres les étudiaient et les citaient, en particulier le *Discours sur le colonialisme* et le *Cahier d'un retour au pays natal*. Je lui précisai combien ses textes étaient commentés aux États-Unis et que, lors d'un colloque à New York University, j'avais entendu des experts venus aussi bien du Japon que d'Allemagne ou des Caraïbes anglaises débattre de son œuvre. Cela le fit sourire. J'insistais ; il était connu, admiré, estimé à travers le monde. Ses avis, ses opinions comptaient. Certes, sa place en France était moins assurée, mais était-il surpris de cet aspect des choses ? « Non », me dit-il, ce qui ne signifiait pas qu'il trouvait pour autant nécessaire de combler ce manque. Les honneurs, la reconnaissance, la gloire ne disaient rien qui vaille à Césaire, il semblait même les mépriser. Il avait choisi de vivre en Martinique, rejetant de nombreuses offres peut-être plus gratifiantes. Il se plaisait sur son île, comme il me le répéta plusieurs fois. Pourtant, il n'avait pas toujours été tendre avec les Antilles françaises : « [...] évoquer les Antilles côté histoire, ma volonté d'en finir avec les Antilles, je veux dire, en

INTRODUCTION

marge de l'histoire, le cul-de-sac innommable de la
faim, de la misère et de l'oppression[1]. » Ses paroles
exprimaient à la fois le rejet du romantisme envers
ces îles tropicales, que son paragraphe fameux au
début du *Cahier d'un retour au pays natal* décrivait
comme « les Antilles qui ont faim, les Antilles grêlées
de petite vérole, les Antilles dynamitées d'alcool,
échouées dans la boue de cette baie, dans la pous-
sière de cette ville sinistrement échouées[2] », et un
profond attachement pour la Martinique, « lieu géo-
métrique de l'amour et de la morale ». Il avait de la
« sympathie » pour le peuple martiniquais et, sans
cette « motivation affective », il n'aurait eu aucune
raison de s'intéresser « au sort du coupeur de canne
plutôt qu'à celui des dockers de Rouen ». Il parta-
geait, disait-il, l'angoisse insulaire : « Je n'étais pas
un homme tranquille […]. J'avais l'angoisse
antillaise[3]. » Une angoisse symptomatique du
« malaise d'un peuple qui a le sentiment qu'il n'est
plus responsable de son sort, et qu'il n'est qu'un

1. Cité in Daniel GUÉRIN, *Les Antilles décolonisées*, Paris, Présence
Africaine, 1956, p. 8.
2. Aimé CÉSAIRE, *Cahier d'un retour au pays natal*, Paris,
Présence Africaine, 1983, p. 8.
3. « Paroles de Césaire. Entretien avec K. Konaré et A. Kwaté,
mars 2003 », in *Césaire et Nous. Une rencontre entre l'Afrique et les
Amériques au XIXᵉ siècle*, Cauris Éditions, 2004, p. 11.

comparse dans un drame dont il devrait être le pro-
tagoniste[4] ». Ce qu'il m'a redit en ces termes : « Ma
chère amie, il n'est pas facile d'être antillais, ça ne
doit pas être facile d'être réunionnais non plus, mais
c'est comme ça, et nous avons à assumer avec courage, avec dignité et, s'il le faut, avec fierté. »

Je le rencontrais tous les matins, puis repartais
vers mon hôtel, situé sur les hauteurs de la ville. Fort-
de-France est une ville très « créole » comparée à
Saint-Denis, capitale de La Réunion, moins « ban-
lieue sous les tropiques », ayant conservé un caractère
insulaire. La ville s'arrêtait à midi, et les rues se
vidaient. Sur la grande place de la Savane qui s'étend
devant le débarcadère, on croise la statue de
Joséphine de Beauharnais, décapitée et couverte de
peinture rouge. Elle est restée, dans la mémoire
populaire, celle qui avait poussé Napoléon à rétablir
l'esclavage en 1802. Nul ne cherchait plus à rempla-
cer sa tête, car elle était chaque fois enlevée la nuit
suivante. Sur la rue de la Liberté qui longe la place à
l'ouest se trouvent le bâtiment poussiéreux de la
bibliothèque Schœlcher, le musée d'archéologie pré-

---

4. Aimé CÉSAIRE, « Pour la transformation de la Martinique en
région dans le cadre d'une Union française fédérée », discours pro-
noncé au congrès constitutif du Parti progressiste martiniquais,
22 mars 1958 (Archives de l'auteur).

colombienne et de préhistoire de la Martinique, et le pavillon Bougenot, à l'architecture coloniale. Césaire est très fier de sa ville, surtout des quartiers qu'il a modernisés, leur apportant eau, égouts et électricité. Tous les jeudis après-midi, son chauffeur lui fait faire un grand tour dans les montagnes et sur la côte. Il m'invita à l'accompagner. Il vint me chercher avec son chauffeur, apportant avec lui un livre sur la flore de l'île, afin de me préciser les noms des plantes et des fleurs, et un livre sur la philosophie, car je lui avais demandé de me rappeler les auteurs qui avaient influencé sa jeunesse. Il fit souvent arrêter la voiture pour que je puisse admirer un paysage, une plante, un arbre. Il me disait les noms des communes, le lien de leurs élus avec son parti, le Parti progressiste martiniquais (PPM). Nous allâmes sur les pentes de la montagne Pelée, nappées de brouillard. Il me confia qu'il aimait beaucoup cet endroit. Les gens le reconnaissaient et le saluaient avec respect, mais restaient à distance. Césaire ne donnait pas l'idée que l'on pourrait avoir avec lui des relations familières. D'une élégance surannée, il portait au quotidien un costume et une cravate, tout à fait le genre de personnes dont on se dit à les voir qu'on ne les surprendra jamais en tee-shirt et bermuda. Nous redescendîmes vers la ville de Saint-Pierre, qu'il me fit visiter. La date du

8 mai 1902 a marqué à jamais les esprits : ce jour-là, la ville fut détruite en quelques minutes par une éruption de la montagne Pelée. Les historiens parlent de 28 000 morts, carbonisés, étouffés, brûlés vifs, d'une ville couverte de cendres, d'une mer brûlante où se noyaient ceux qui s'y jetaient pour échapper aux laves, d'une chaleur et d'une puanteur horrible les jours suivants, et partout, dans les rues et le port, des cadavres et des immeubles en ruines. Cette ville surnommée le « Paris des Caraïbes » à cause de ses théâtres, de sa vie culturelle et sociale, devint en quelques minutes une ville fantôme. Cette catastrophe lui fit perdre à jamais son éclat, et elle dut céder son rôle de capitale à Fort-de-France. Aujourd'hui, c'est une petite bourgade. Césaire me montra ce qui restait du théâtre, puis demanda à son chauffeur de s'engager sur la route de Fonds-Saint-Denis. Il fit soudain signe de s'arrêter à son chauffeur, dans un tournant où un magnifique fromager étendait ses branches. L'éruption de 1902 avait calciné son tronc, et on l'avait jugé perdu. Cependant, cinquante ans plus tard, des bourgeons étaient apparus, et depuis il n'avait cessé de se développer. Césaire venait souvent admirer cet arbre, vieux de plus d'un siècle : non seulement il avait survécu à une catastrophe, mais il désignait aussi, par son renouveau, le

dédain de la nature pour les catastrophes. Césaire aimait fréquenter ces endroits et rêver, écrire des fragments de poèmes. Rêver surtout.

Nous nous sommes entretenus chaque matin, entre neuf heures et midi. Il se fatiguait vite, la fatigue de l'âge, après une longue vie. Il avait dit et écrit tant de choses, à quoi bon s'expliquer encore, et pourquoi se justifier, pourquoi plaider et argumenter ? « Ma poésie parle pour moi », répétait-il. Mais je voulais parler de son action, de ce qui était le moins « visible » et le moins souvent évoqué : son analyse de la colonie et de la République. Assez étonné de cet intérêt, il se prit cependant au jeu et m'interrogea à son tour, longuement. Je lui appris que j'allais régulièrement en Afrique, que je connaissais assez bien l'Afrique du Sud, et il me demanda de lui en parler. Nos entretiens furent décousus, parfois déconcertants. Puis, au bout de quelques jours, il me fallut partir : j'avais aussi compris que Césaire avait dit ce qu'il avait à me dire.

Je tenais à faire ces entretiens avec lui. Tout d'abord, je voulais rappeler le rôle, à mes yeux trop souvent oublié, qu'il avait joué auprès de cette génération de femmes et d'hommes engagés dans le démantèlement des empires coloniaux. C'était aussi une personne dont j'avais entendu parler pendant toute mon enfance. Il avait bien connu mon grand-père, Raymond Vergès : ensemble ils avaient travaillé à transformer en départements français les colonies de la Martinique, de la Guadeloupe, de La Réunion et de la Guyane. Son nom revenait souvent dans les conversations familiales et politiques, à cause de son action comme député de la Martinique et comme dirigeant du Parti progressiste martiniquais. Il côtoyait les élus de La Réunion, et son parti participait aux initiatives des partis de gauche des départements d'outre-mer pour la démocratisation de la vie culturelle, sociale et politique dans ces territoires. Je connaissais bien deux de ses textes, *Cahier d'un retour au pays natal* et *Discours sur le colonialisme*, dont je jugeais la lecture indispensable pour qui désirait connaître les mouvements anticolonialistes. En bref, Césaire était une figure familière qui m'inspirait une grande estime et un immense respect. Or, lorsque j'ai parlé autour de moi de mon idée d'entretiens avec Césaire, nombreux furent les Français qui ne connaissaient ni son œuvre ni son action ; ou alors, on le croyait mort. Je n'en fus pas vraiment surprise. C'est un des nombreux symptômes de la place de « l'outre-mer » dans l'opinion française : des sociétés méconnues, dont l'histoire et la culture sont citées sous forme de fragments disparates et approximatifs.

Je souhaitais m'entretenir avec lui, car j'étais frappée de l'aspect contemporain de nombre de ses remarques, *a contrario* d'une opinion répandue qui le lui conteste et préfère le conférer à Frantz Fanon, Patrick Chamoiseau ou Édouard Glissant. Ainsi, son approche de l'expérience « noire » me semblait plus proche des débats les plus actuels sur la « question noire » que celle d'un Fanon, par exemple. Chez Césaire, être noir renvoie à une histoire transcontinentale, et avant tout à l'Afrique qui fut la source d'une diaspora éclatée à travers le monde. Ce n'est pas quelque chose en plus, mais quelque chose de différent ; l'existence n'en devient ni pire ni meilleure que celle des autres, et pourtant ces autres sont coupables d'ignorer l'histoire de la mise en esclavage, de la déportation, de la création des plantations et de la naissance de sociétés nouvelles dont la mémoire brûle encore de ces événements.

Finalement, alors que pour la première fois en France, la mémoire et l'écriture de l'histoire de la traite négrière et de l'esclavage font l'objet d'un débat public, il semblait important de relire les textes et les discours d'un homme issu d'une colonie esclavagiste, éduqué à l'école publique française, mais dans une île qui était encore une colonie, puis élève à l'École normale supérieure, ce temple de l'élite française, et cela dans les années 1930. Dans son œuvre, tout révélait l'importance de cette histoire, depuis son essai sur Toussaint Louverture, ses pièces de théâtre, ses discours, et jusqu'à la place que Haïti occupait dans son écriture[5]. La voix de Césaire dans le débat sur la traite et l'esclavage offre une approche originale, qui souligne à la fois la brutalité inhumaine de ces deux phénomènes et leur caractère irréparable. En cela, il s'inscrit en faux contre les demandes de dommages et intérêts, inquiet de voir réduit à ses aspects comptables un événement dont les conséquences sont aussi multiples qu'injustifiables. Ses textes sur le colonialisme méritent d'être relus au moment même où de nouvelles controverses historiographiques surgissent, autour de la promulgation de la loi de février 2005, de la pétition des « Indigènes de la république », de la publication d'essais, et de la réalisation de documentaires sur les relations entre passé colonial et présent.

Relire Césaire à la lumière du présent donne aux débats d'aujourd'hui une histoire, une généalo-

---

5. Aimé CÉSAIRE, *Toussaint Louverture*, Paris, Présence Africaine, 1962 ; *La Tragédie du roi Christophe*, Paris, Présence Africaine, 1963 ; *Victor Schœlcher et l'abolition de l'esclavage*, Lectoure, Éditions Le Capucin, 2004 (rééd. d'un ouvrage de 1948, *Esclavage et colonisation*, Paris, PUF, 1948).

gie qui les fondent. Je prône une lecture ni nostalgique ni idolâtre de son œuvre, mais une lecture restituant une voix qui, dans toutes ses contradictions, témoigne de son siècle, celui de la fin des empires coloniaux et des questions qu'elle pose, l'égalité, l'interculturalité, l'écriture de l'histoire des anonymes, des disparus du monde non-européen. « Ma bouche », avait-il écrit, « sera la bouche des malheurs qui n'ont point de bouche[6] ».

Le déroulement des entretiens montre combien Césaire est arrivé à une épure de sa pensée. « J'ai tout dit », m'a-t-il souvent répété, ce qui m'a laissée sans voix. Et pourtant, il s'enflammait encore assez pour soudain se mettre à lire de longs extraits de ses poèmes, d'une de ses pièces ou pour répondre de manière vive et précise à une question. Il avait effectivement beaucoup dit, et il était d'abord poète. Son esprit profondément original, son univers mental témoignaient de ce rapport à la fois rêveur et enraciné à ses mondes, le monde martiniquais, le monde noir et plus loin à « l'Homme », ses rêves, ses crimes et ses peurs. Il exprimait la lassitude de l'homme qui s'est si souvent expliqué et a été parfois si mal entendu. Je pouvais comprendre cette lassitude. Il préférait, me disait-il, se promener sur son île et ren-

---

6. Aimé CÉSAIRE, *Cahier d'un retour au pays natal, op. cit.*, p. 22.

contrer des gens qui ne lui enjoignaient pas de s'expliquer, mais que cela rendait tout simplement heureux d'échanger avec lui sur le temps, les plantes, la vie quotidienne. Cet homme si célèbre répond gentiment à toutes les sollicitations et reçoit, toujours avec son extrême courtoisie, étudiants, artistes, hommes politiques, journalistes, et même des touristes qui viennent le saluer. Mais il n'oublie jamais de s'enquérir de toutes les personnes, et surtout des Martiniquais, qui souhaitent le rencontrer : l'un attend devant son bureau pour lui présenter sa petite fille née en France ; un autre, croisé sur la route, lui demande comment il va. Cet homme que les Martiniquais ont appelé « Papa Césaire » – expression que son ami Michel Leiris analysait justement comme une survivance des cultures africaines où le respect, l'estime pour une personne bienveillante se traduisent par un terme parental, au contraire des Français qui la perçoivent comme un symptôme de l'arriération des Antillais – continue à s'intéresser au monde. À condition de n'être pas sommé de se justifier. Il m'a pourtant fait ce cadeau de répondre à mes questions, qui ne portaient ni sur sa poésie ni sur son théâtre, mais sur des thèmes plus généraux, l'esclavage et la réparation, la République et la différence culturelle, la solitude du pouvoir.

Entretiens

Vous avez souvent dit combien vous avez été heureux, jeune homme, de quitter la Martinique. Pour quelle raison ?

Vous êtes réunionnaise, donc vous comprendrez facilement. Je suis martiniquais. J'ai fait mes classes primaires dans une commune qui s'appelle Basse-Pointe. À partir de la septième, je fus élève au lycée Schœlcher où j'ai effectué l'ensemble de mes études secondaires. C'est à ce moment que je me suis mis – je n'exagère pas – à détester la société martiniquaise dans laquelle je vivais. Je revois encore ces petits-bourgeois de couleur et, très vite, j'ai été choqué de constater chez eux une tendance fondamentale à singer l'Europe. Ils partageaient les mêmes préjugés que les Européens, ils montraient un snobisme que je trouvais très superficiel et qui m'irritait profondément. Comme j'étais timide, et même sauvage, je les fuyais. Tout ce monde ne m'intéressait pas.

Ma brave sœur fréquentait le lycée de jeunes filles qu'on appelait le « pensionnat colonial ». Elle recevait des amies le samedi et le dimanche, dans la « salle d'en bas » ; c'est ainsi qu'on appelait le salon. Vous connaissez certainement l'agencement des maisons dans l'architecture coloniale : au rez-de-chaussée se trouvent le salon et la salle à manger séparés par un couloir et un escalier menant à l'étage. Ces jeunes filles, ma sœur et ses camarades, étaient très gentilles. Pourtant, ces réunions, qui se tenaient en bas, n'étaient pas mon genre ; elles m'irritaient profondément. Je prenais l'escalier et me réfugiais à l'étage.

Je trouvais les hommes martiniquais légers, superficiels, un peu snobs, porteurs de tous les préjugés qu'avaient les hommes de couleur autrefois. Tout cela ne me plaisait pas du tout, et je dois dire que je suis parti pour la France avec délectation. En mon for intérieur, je me disais : « Ils me foutront la paix. Là-bas, je serai libre, je lirai ce que je voudrai. »

Me rendre en France était pour moi la promesse d'une libération, une possibilité, un espoir d'épanouissement. Autrement dit, contrairement à beaucoup de camarades de ma génération, j'avais constamment le sentiment que je vivais dans un monde fermé, étroit, un monde colonial. C'était mon sentiment premier. Je n'aimais pas cette Martinique. Et quand j'ai pu partir, ce fut avec plaisir. « Adieu ! », pensais-je. Je craignais beaucoup de côtoyer sur le bateau ces spécimens martiniquais qui ne pensaient qu'à s'habiller et reproduire leur mode de vie mondain à bord : le bal du samedi, la musique, les boîtes de nuit, toutes ces occupations très à la mode, et qui me déplaisaient terriblement. Le voyage durait alors entre quinze et vingt jours. Il y avait des bals, des divertissements, en quelque sorte une vie de salon ; de nouveau je me réfugiais au fond de la cale, dans une cabine minuscule, avec un petit copain qui partait faire des études techniques. Je ne sortais que pour dîner, puis je revenais m'enfermer dans ma cabine.

J'étais vraiment très content quand je suis arrivé au Havre. Mon camarade m'a alors demandé : « Où vas-tu habiter ? » J'ai répondu : « Je ne sais pas, je verrai, et toi ? » « Moi, je fais une école technique. » Il s'agissait de l'école Eyrolles, dont le bâtiment principal est situé boulevard Saint-Germain et qui existe encore de nos jours. Mon petit camarade avait pris une chambre dans un hôtel à Cachan. Je lui ai dit : « Je viens aussi. Retiens-moi une chambre. » Et me voilà débarquant à Cachan. Le lendemain, je pris le tramway qui me déposa Porte d'Orléans, puis le métro pour arriver sur le boulevard Saint-Michel, avant de rejoindre la rue Saint-Jacques et le lycée Louis-le-Grand.

J'étais en joie et je me disais : « Enfin, je suis à Paris. J'en ai marre de cette Martinique ! Enfin je vais m'épanouir ! » J'étais recommandé par mon professeur d'histoire, Eugène Revert, auteur d'un beau livre sur la Martinique, dont l'objet était le contact des civilisations. C'était un homme très sympathique et très humain. Il m'avait demandé : « Aimé Césaire, que veux-tu faire après ton bachot ? » Il portait une grande barbe – que je fixai en lui répondant : « Comme vous, Monsieur le Professeur. » « C'est très bien : si tu veux faire comme moi, va t'inscrire au lycée Louis-le-Grand dans les classes qui préparent le concours d'entrée à l'École normale, et je crois que tu réussiras. » Au lycée Louis-le-Grand, le proviseur me reçut très aimablement. Je m'inscrivis en hypokhâgne et, en sortant du secrétariat, je vis un homme de taille moyenne, plutôt court, en blouse grise. Tout de suite je compris que j'avais affaire à un interne. Il avait les reins entourés d'une ficelle au bout de laquelle pendait un encrier, un encrier vide. Il vint à moi et me dit : « Bizuth, comment t'appelles-tu, d'où viens-tu et qu'est-ce que tu fais ? » « Je m'appelle Aimé Césaire. Je suis de la Martinique et je viens de m'inscrire en hypokhâgne. Et toi ? » « Je m'appelle Léopold Sedar Senghor. Je suis sénégalais et je suis en khâgne. » « Bizuth – il me donne l'accolade –, tu seras mon Bizuth. » Le jour-même de mon arrivée au lycée Louis-le-Grand ! Nous sommes restés très amis, lui en khâgne, et moi en hypokhâgne. On se voyait tous les jours, on discutait. Il était en première supérieure avec Georges Pompidou et avait sympathisé avec lui – je l'ai moi-même connu à cette époque.

Senghor et moi, nous discutions éperdument de l'Afrique, des Antilles, du colonialisme, des civilisations. Il adorait parler des civilisations latine et grecque. Il était fort bon helléniste. Autrement dit, on s'est formé ensemble, au fur à mesure, jusqu'au jour où nous nous sommes posé une première question essentielle : « Qui suis-je ? qui sommes-nous ? que sommes-nous dans ce monde blanc ? » Sacré problème. Deuxième question, plus morale : « Que dois-je faire ? » La troisième question était d'ordre métaphysique : « Qu'est-il permis d'espérer ? » Ces trois questions-là nous ont beaucoup occupés. Ces échanges étaient vraiment très formateurs.

Nous commentions l'actualité. C'était à l'époque de la guerre d'Éthiopie ; nous évoquions l'impérialisme européen et, un peu plus tard, la montée du fascisme et du racisme. Nous avons très vite pris position, ce qui a contribué à forger nos personnalités. Il s'agissait là de nos préoccupations essentielles. Puis la guerre est survenue. Je suis rentré à Fort-de-France ; j'ai été nommé au lycée Schœlcher et Senghor, lui, dans un lycée en France. Revenu à Paris après la guerre, qu'est-ce que je découvre ? Un petit homme vêtu d'une sorte de toge : Senghor était devenu député du Sénégal et moi de la Martinique. Nous sommes tombés une fois de plus dans les bras l'un de l'autre. Notre amitié était intacte en dépit de nos différences de caractère. Il était africain et moi antillais ; il était catholique, et politiquement proche du MRP ; à l'époque, j'étais plutôt communiste ou « communisant ». Nous ne nous disputions jamais, parce que nous nous aimions profondément et que nous nous sommes vraiment formés l'un l'autre.

*Revenons à vos années de jeunesse et à cette
liberté nouvelle dont vous parliez. Quelles ont été,
alors, vos lectures ?*

Nous suivions le programme, mais nous avions
chacun des sujets de prédilection propres. Bien
entendu, nous avons lu les classiques, comme
Lamartine, Victor Hugo ou Alfred de Vigny, mais ils
ne répondaient pas du tout à nos préoccupations.
Rimbaud a énormément compté pour nous, parce
qu'il a écrit : « Je suis un nègre. » Nous lisions aussi
Claudel et les auteurs surréalistes. Et, même si nous
n'étions pas très riches, nous achetions les ouvrages
d'auteurs contemporains.

Deux Martiniquaises, les sœurs Nardal, tenaient
alors un grand salon. Senghor le fréquentait régulièrement. Pour ma part, je n'aimais pas les salons
– je ne les méprisais pas pour autant –, et je ne m'y
suis rendu qu'une fois ou deux, sans m'y attarder.
J'ai ainsi rencontré plusieurs écrivains nègres américains, Lansgton Hugues ou Claude McKay. Les
nègres américains ont été pour nous une révélation. Il ne suffisait pas de lire Homère, Virgile,
Corneille, Racine, etc. Ce qui comptait le plus pour
nous, c'était de rencontrer une autre civilisation
moderne, les Noirs et leur fierté, leur conscience

d'appartenir à une culture. Ils furent les premiers à affirmer leur identité, alors que la tendance française était à l'assimilation, à l'assimilationnisme. Chez eux, au contraire, on trouvait une fierté d'appartenance très spécifique. Nous nous sommes donc constitué un monde à nous. Je respectais beaucoup les professeurs du lycée, mais Senghor et moi avions nos lectures personnelles.

J'avais aussi un ami yougoslave, Petar Guberina, qui m'a invité un été en Croatie. Je me rappelle avoir pensé que la côte ressemblait à celle des Caraïbes et, d'ailleurs, un jour, je lui ai demandé : « Quel est le nom de cette île ? » Il me répondit qu'en français, cela signifiait « Martin ». J'ai alors pensé : « C'est la Martinique que je vois ! » Et c'est ainsi qu'après avoir acheté un cahier d'écolier j'ai commencé à écrire *Cahier d'un retour au pays natal*. Il ne s'agissait pas d'un retour à proprement parler, mais d'une évocation, sur la côte dalmate, de mon île.

C'est donc à Paris, avec Senghor, que s'opère cette révélation de l'identité noire. Aujourd'hui, il existe de nombreux travaux sur la « transcontinentalité » de l'expérience noire, produite par l'esclavage. Plusieurs continents et donc plusieurs cultures ont été influencés par les apports africains, vous en avez beaucoup parlé à l'époque. Est-ce que cela a bouleversé, dès ce moment, votre vision de la littérature ?

Lire les poètes martiniquais, c'était comme compter sur vos doigts jusqu'à douze, et vous obteniez un alexandrin. Ils écrivaient des choses charmantes, qu'on appelle le *doudouisme*. Le surréalisme manifestait justement un refus de cette littérature. Ce mouvement nous intéressait, parce qu'il nous permettait de rompre avec la raison, avec la civilisation artificielle, et de faire appel aux forces profondes de l'homme. « Tu vois Léopold, le monde est ce qu'il est, tu t'habilles, tu mets ton costume, tu vas au salon, etc. "Mes hommages, Madame." Mais où est le Nègre dans tout ça ? Le nègre n'y est pas. Tu l'as en toi, pourtant. Creuse encore plus profond, et tu le trouveras au fond de toi, par-delà toutes les couches de la civilisation, le Nègre fondamental. Tu m'entends, *fondamental.* » C'est exactement ce que j'ai fait, et toute cette littérature en alexandrins, nous pensions qu'elle était dépassée. « Ils » avaient fait leur littérature, mais nous, nous ferions autre chose, car nous étions des Nègres. C'est le Nègre qu'il fallait chercher en nous.

Nous nous sommes intéressés aux littératures indigènes, aux contes populaires. Notre doctrine, notre idée secrète, c'était : « Nègre je suis et Nègre je resterai. » Il y avait dans cette idée l'idée d'une spécificité africaine, d'une spécificité noire. Mais Senghor et moi nous sommes toujours gardés de tomber dans le racisme noir. J'ai ma personnalité et, avec le Blanc, je suis dans le respect, un respect mutuel.

Cette prise de conscience de soi s'est faite par le « qui suis-je ? ». La civilisation européenne a construit une doctrine : il faut s'assimiler à l'Europe. Mais non, je regrette, il faut d'abord être soi-même. C'est mon point de vue, et cela a profondément choqué les Martiniquais. Je me souviens d'un grand jeune homme bien habillé, très snob, qui vint à moi et, me tendant la main, dit : « Césaire, je t'aime beaucoup, j'aime beaucoup ce que tu fais, mais je te reproche une chose : pourquoi parles-tu tout le temps de l'Afrique ? Nous n'avons rien de commun avec elle, ce sont des sauvages, nous sommes autre chose. » Et pourtant, ce jeune homme était encore plus « marron » que moi ! C'est dire à quel degré était enfouie l'idée d'une hiérarchie raciale. L'assimilation pour moi, c'était l'aliénation, la chose la plus grave.

Il y avait en fait deux Martinique. La Martinique de la « civilisation », celle des *békés*, de la féodalité et des petits-bourgeois, nègres ou mulâtres. Et, à côté de cette Martinique, dans la campagne, on trouvait le paysan avec sa houe, en train de bêcher les champs de canne, de conduire ses animaux, de battre le tambour, d'avaler son litre de rhum. Cette Martinique était plus authentique que l'autre.

Est-ce que cette coexistence entre deux Martinique joue un rôle dans le malaise martini- quais que vous évoquez souvent ? Qu'entendez-vous par là ?

Il existe, et je pense que nous n'y pouvons rien. Nous sommes nés comme ça. Il y a un mal-être martiniquais, il y a un mal-être antillais, qui se comprend très bien. Pensez au type enlevé en Afrique, transporté à fond de cale, enchaîné, battu, humilié : on lui crache à la face, et cela ne laisse- rait aucune trace ? Je suis persuadé que cela m'a influencé. Je n'ai jamais connu ça personnellement, mais peu importe, l'histoire a sûrement pesé.

Comment sortir de ce mal-être ?

Par la pensée, par la politique, par l'attention à l'autre. Il faut qu'on nous comprenne. Le racisme des Européens ou des Américains n'aide pas beaucoup, mais il faut agir avec la conscience que nous avons affaire à des hommes donc à des frères dont nous sommes solidaires, et il faut savoir les aider et, pour les aider, les comprendre.

Après la Seconde Guerre mondiale, le communisme exerce une forte attraction dans le monde colonisé, parce qu'il se présente comme une idéologie non raciale et de solidarité entre les peuples. Est-ce pour cela que vous adhérez au Parti communiste français ?

Pour moi, le communisme s'imposait, c'était un progrès. Mais c'est devenu une religion, avec de très graves défauts. Au sein du parti communiste, j'ai senti que je n'étais pas tout à fait à mon aise. Il y avait « eux », et il y avait « nous ». C'était leur droit, ils étaient Français ; mais je me sentais nègre, et ils ne pouvaient pas me comprendre pleinement. Ce fut une très grave erreur de notre part que de nous considérer membres du Parti communiste français.

Nous étions membres du Parti communiste martiniquais, et nous devions collaborer avec le Parti communiste français, être solidaires, mais il n'était pas question d'être inféodés à la place du colonel Fabien.

Ce qui m'a choqué dans le communisme, car je l'ai connu, c'était le dogmatisme, le double sectarisme et, bien entendu, les méthodes qui en ont découlé. Les militants ne se remettaient jamais en cause, ne s'interrogeaient jamais sur eux-mêmes. Je restais à distance, sur mes gardes. Il est également vrai que je suis timide. Mais, enfin, je n'accepte pas qu'on me dise n'importe quoi.

Vous avez souvent commenté la difficulté de la France à admettre les différences. Votre ami Michel Leiris, dans son ouvrage Contacts de civilisations en Martinique et en Guadeloupe *(1955), faisait état du racisme pratiquement inévitable des fonctionnaires métropolitains. Même chez ceux qui se disaient pleins de bonne volonté, il y avait cette certitude « d'être supérieurs ». Pensez-vous que cela ait changé ? Comment percevez-vous cette difficulté aujourd'hui ?*

La France fait ce qu'elle peut, elle se démerde. Elle a des problèmes liés à son histoire, qu'elle tente péniblement de démêler. Chaque peuple européen a son histoire, et c'est l'histoire qui a construit la mentalité française telle qu'elle est. Regardez les Anglais, ils ont également une mentalité propre. Allez demander à un Dominicain, un habitant des Bahamas, de Trinidad : « Qu'est-ce que tu es ? » « Je suis Trinidadien. Je suis Dominicain. » Demandez à un Antillais : « Qu'est-ce que tu es ? » « Je suis Français. » Les Antillais anglophones ne peuvent pas dire qu'ils sont anglais, « *because nobody can be an Englishman* ». Personne ne peut être anglais, sauf si vous êtes né *in England*. Chez l'Anglais, le racisme coexiste avec une conception de l'homme et le respect de la personnalité de l'autre, ce qui fait qu'il y a eu beaucoup moins d'assimilation dans les colonies anglophones que dans les colonies françaises. Les Français ont cru à l'universel et, pour eux, il n'y a qu'une seule civilisation : la leur. Nous y avons cru avec eux ; mais, dans cette civilisation, on trouve aussi la sauvagerie, la barbarie. Ce clivage est commun à tout le XIXe siècle français. Les Allemands, les Anglais ont compris bien avant les Français que *la civilisation*, ça n'existe pas. Ce qui existe ce sont *les civilisations*. Il y a une civilisation européenne, une civilisation africaine, une civilisation asiatique, et toutes ces civilisations sont formées de cultures spécifiques. Autrement dit, la France, de ce point de vue, était très en retard.

À présent, elle est obligée de se confronter à la différence culturelle. Mais c'est l'histoire qui l'y oblige. Elle a longtemps continué à dire : « L'Algérie est française. » Mais ce n'était pas vrai et, un jour, les Français se sont retrouvés devant le problème algérien, devant le problème africain. C'est l'histoire qui a fini par modifier les choses, mais nous avions eu le pressentiment de tout cela.

Pour un pays comme la Martinique, je revendique le droit à l'indépendance. Pas forcément l'indépendance, car le peuple martiniquais n'en a aucune envie – il sait qu'il n'en a ni les moyens ni les ressources –, mais il peut être tenté. Nous ne sommes pas indépendants, mais nous avons *droit à l'indépendance* : cela signifie que nous pouvons y avoir recours, s'il le faut. Nous avons une spécificité, ce qui ne nous empêche pas d'être amis. Il existe une vieille solidarité entre la France et nous. Pourquoi la rompre ? Je suis martiniquais, j'aime beaucoup la France, qui est ce qu'elle est ; nous sommes solidaires, mais je suis un Martiniquais. Voilà le reproche que je fais au civilisationnisme. Je ne suis pas devenu autre. Tu es toi et je suis moi.

Tu as ta personnalité, j'ai la mienne, et nous devons nous respecter et nous aider mutuellement.

On pourrait commencer par demander aux Européens quel lien les lie à l'Europe. Quand on y regarde de près, on voit bien que ce n'est pas facile... Les Français et les Anglais, n'en parlons pas, mais les Serbes et les Bulgares...

Il faut donner du travail aux Martiniquais, car les Martiniquais doivent produire quelque chose ; la Martinique ne doit pas seulement être vouée à l'assistance. Voilà ce qui me paraît important. À l'heure actuelle, nous sommes voués à l'assistance. Nous n'avons rien. Le problème de l'emploi est crucial. Beaucoup de Martiniquais redoutent une décentralisation radicale, où tous les services seraient sous la responsabilité des Martiniquais, du Conseil général. Ce serait une catastrophe ! La Martinique, responsable de tous ces services ! Il faudrait payer tous ces fonctionnaires ? Or, la Martinique n'est pas capable de payer le tiers des fonctionnaires qui travaillent sur son sol. En d'autres termes, au bout d'un mois ce serait la révolte, la révolution.

Cependant, nous ne pouvons pas passer notre temps à dire : « C'est la France qui est responsable. » Nous devons d'abord nous prendre en mains ; nous devons travailler, nous devons nous organiser, nous avons des devoirs envers notre pays, envers nous-mêmes. Je ne crois pas qu'il y ait d'obstacles insurmontables. Simplement, il a toujours existé un certain « négroïsme », en particulier de classe. Prenons l'exemple d'Haïti. À quoi a abouti leur révolution ? Elle a bénéficié à un petit groupe ; quant aux autres... C'est la marque d'un égoïsme très humain, un particularisme, une tendance au clan, au parti, au « copinisme ». Or, la nécessité exige de se projeter au dehors, d'élargir son horizon.

Le 19 mars 2006, cela fera soixante ans que les quatre colonies post-esclavagistes (Guadeloupe, Guyane, Martinique, La Réunion) devenaient des départements. Vous étiez le rapporteur de cette loi. On vous a beaucoup reproché, comme on l'a aussi beaucoup reproché aux autres élus de ces colonies, d'avoir favorisé l'assimilation, la dépendance. Même si cela n'était pas votre but, c'était inévitable. Vous auriez péché par excès de confiance envers la France ?

Quelle était la situation auparavant ? Une misère totale : la ruine de l'industrie sucrière, la désertification des campagnes, les populations qui se précipitaient sur Fort-de-France et jouaient aux squatters en s'installant comme elles le pouvaient sur n'importe quel bout de terre. Que faire ? Les préfets n'avaient qu'une idée, leur envoyer la police. Eh bien, nous, nous avons choisi de nous intéresser à ces gens-là. En tant qu'intellectuel, j'avais été nommé par une population qui avait des idées, des besoins et des souffrances. Le peuple martiniquais se fichait de l'idéologie, il voulait des transformations sociales, la fin de la misère.

La thèse officielle disait : « Vous êtes Français. » Donc, si nous sommes Français, donnez-nous le salaire des Français, donnez-nous des allocations familiales, etc. Comment résister à cette logique ? Nous nous sommes entendus, avec Vergès et Girard[1], pour présenter une proposition de départementalisation. Je suis le premier à avoir employé le mot « départementalisation » plutôt qu'« assimilation », même si, depuis près d'un siècle, des campagnes étaient menées en faveur de l'assimilation.

Jamais loi n'a été plus populaire : en devenant Français à part entière, nous bénéficierions des

---

1. Raymond Vergès et Rosan Girard étaient respectivement député de La Réunion et député de la Guadeloupe. Ils ont défendu, avec Aimé Césaire, le projet de loi qui a abouti à la fin du statut colonial des quatre colonies.

allocations familiales, des congés payés, etc. ; les fonctionnaires eux-mêmes étaient intéressés par l'aspect social. En déposant cette loi, j'avais pour but d'obtenir ces mesures et, chose curieuse, il y eut des réticences, dans le gouvernement et même parmi les Blancs ! Nous voulions être Européens. Ils ne savaient pas comment justifier un refus à notre demande. Ils ont résisté tant qu'ils ont pu, puis, à contrecœur, morceau par morceau, ils ont dû lâcher du lest. Mais nous avons mis près de dix ans avant d'obtenir des réalisations concrètes !

J'étais le rapporteur de la commission. J'avais en tête la chose suivante : « Mon peuple est là, il crie, il a besoin de paix, de nourriture, de vêtements, etc. Est-ce que je vais faire de la philosophie ? Non. » Oui mais voilà, je me disais par ailleurs : « Cela résout un problème immédiat, mais si nous laissons faire, tôt ou tard surgira avec violence un problème auquel ni les Martiniquais, ni les Guadeloupéens, ni aucun Antillais n'a jamais pensé : *le problème de l'identité.* » « Liberté, égalité, fraternité », prônez toujours ces valeurs, mais tôt ou tard, vous verrez apparaître le problème de l'identité. Où est la fraternité ? Pourquoi ne l'a-t-on jamais connue ? Précisément parce que la France n'a jamais compris le problème de l'identité. Si, toi, tu es un homme avec des droits et tout le respect qu'on te doit, et bien moi aussi je suis un homme, moi aussi j'ai des droits. Respecte-moi. À ce moment-là, nous sommes frères. Embrassons-nous. Voici la fraternité.

En mai 2001, le Parlement français[2] a voté à l'unanimité une loi déclarant la traite négrière et l'esclavage « crimes contre l'humanité » et, depuis, certains groupes réclament des réparations. Le débat n'est pas nouveau, et j'ai pu constater, lors de discussions sur la Commission Vérité et Réconciliation que le statut de la « vérité » n'est pas si simple dans des contextes de violence coloniale et que le terme de « réparation » induit souvent des glissements dans le discours qui s'éloigne du politique et s'accroche au moralisme fixant les figures de victimes et de bourreaux.

On est en effet venu me voir à ce sujet et, quand on m'a parlé de demande de réparations, j'ai répondu : « Écoutez-moi, faites comme vous pouvez. Si cela marche, tant mieux, mais moi je considère que c'est tiré par les cheveux. » Ce serait trop facile :

2. La loi déclarant la traite négrière et l'esclavage « crimes contre l'humanité » a été adoptée à l'unanimité par le Parlement, le 10 mai 2001.

« Alors toi, tu as été esclave, pendant tant d'années, il y a longtemps, donc on multiplie par tant : voici ta réparation. » Et puis ce serait terminé. Pour moi l'action ne sera jamais terminée. C'est irréparable. C'est fait, c'est l'histoire, je n'y peux rien.

La réparation, c'est une affaire d'interprétation. Je connais suffisamment les Occidentaux : « Alors mon cher, combien ? Je t'en donne la moitié pour payer la traite. D'accord ? Tope-là. » Puis c'est fini : ils ont réparé. Or, selon moi, c'est tout à fait irréparable. Le terme de « réparation » ne me plaît pas beaucoup. Il implique qu'il puisse y avoir réparation. L'Occident doit faire quelque chose, aider les pays à se développer, à renaître. C'est une aide qui nous est due, mais je ne crois pas qu'il y ait de note à présenter pour la réparation. C'est une aide, ce n'est pas un contrat, c'est purement moral. Je considère que c'est le devoir des États occidentaux de nous aider.

Je le répète, pour moi c'est irréparable. Il me semble naturel et évident qu'il faut aider ces peuples à qui tant de mal a été fait. C'est comme ça que je raisonne, et non pas en termes de réparation. Sinon, la logique est la suivante : « Bon, d'accord », puis « Fous le camp, t'as été payé » ; ou : « Le grand-père de cette femme a vendu le mien ; allez, exécute-toi… »

Au XVIIIe siècle, les Européens se sont rendu compte d'une chose ; ils tenaient beaucoup à une richesse : les hommes. Ils ont inventé une ressource nouvelle, et ils ont persuadé tant bien que mal les Africains de leur vendre des hommes. C'était un commerce ignoble, dégueulasse. Quelle réparation peut-il y avoir ? Il faut trouver un terme, oui, mais il est secondaire que ce soit « réparation » ou autre chose. Je crois que l'Afrique a droit *moralement* à une réparation. Essayons d'employer d'autres termes, et ne nous présentons pas comme une bande de mendiants qui viennent demander réparation pour un crime commis, il y a deux ou trois siècles. Bon, on va croire que je suis contre la réparation ; ce sera une polémique de plus absolument inutile.

Je pense que les Européens ont des devoirs envers nous, comme à l'égard de tous les malheureux, mais plus encore à notre égard pour des maux dont ils sont la cause. C'est cela que j'appelle réparation, même si le terme est plus ou moins heureux. Je pense que l'homme doit aider l'homme, et d'autant plus s'il est responsable dans une certaine mesure des malheurs de l'autre. Je ne veux pas transformer cela en procès, actes d'accusation, rapporteurs, dommages, etc. Combien ? Tant de chiffres sont avancés... Je pense que ce serait même leur faire la part belle : il y aurait une note à payer et ensuite ce serait fini... Non, ça ne sera jamais réglé. Je veux penser en termes moraux plutôt qu'en termes commerciaux.

Sortir de la victimisation est fondamental. C'est une tâche peu aisée. L'éducation que nous avons reçue et la conception du monde qui en découle sont responsables de notre irresponsabilité. Avons-nous jamais été responsables de nous-mêmes ? Nous avons toujours été sujets, colonisés. Il en reste des traces. Vous avez été à l'école, vous avez appris le français, vous avez oublié votre langue natale, etc. Lorsqu'on a commencé à écrire le créole, lorsqu'on a décidé de l'enseigner, le peuple n'a pas été transporté de joie. Je visite souvent des écoles, je vais voir les gens, les enfants, j'apprécie beaucoup ces contacts. Récemment, j'ai rencontré une femme à qui j'ai demandé : « Madame, vous avez déposé vos enfants à l'école. Vous savez qu'une mesure extrêmement intéressante vient d'être prise : on va enseigner le créole à l'école. Êtes-vous contente ? » Elle m'a répondu : « Moi contente ? Non, parce que *si mwen ka vouyé ick mwen lékol* (« si j'envoie mon enfant à l'école »), c'est pas pour lui apprendre le créole, mais le français. Le

créole, c'est moi qui le lui enseigne, et chez moi. »
Son bon sens m'a frappé. Il y avait une part de
vérité. Nous sommes des gens complexes, à la fois
ceci et cela. Il ne s'agit pas de nous couper d'une
part de nous-mêmes.

*Revenons sur le thème de l'assimilation. En 1957,
quand vous fondez le Parti progressiste martiniquais, vous prônez l'autonomie. On assistera à une
union des partis de gauche des quatre départements
d'outre-mer autour de ce thème, qui culminera avec
la « Convention du Morne Rouge ». Pour mémoire :
les 16, 17 et 18 août 1971, les partis et organisa-
tions signataires de La Réunion, de la Guyane, de
la Guadeloupe et de la Martinique, réunis en
Convention, déclarent solennellement : « Les
peuples des quatre territoires de La Réunion, de la
Guyane, de la Guadeloupe et de la Martinique
constituent, par leur cadre géographique, leur développement historique, leurs composantes ethniques,
leur culture, leurs intérêts économiques, des entités
nationales, dont la réalité est diversement ressentie
dans la conscience de ces peuples. En conséquence,
nul ne peut disposer d'eux, par aucun artifice juridique ; ce sont ces peuples eux-mêmes, qui démo-*

cratiquement et en toute souveraineté détermineront leur destin. » Votre parti signe cette convention. Ces prises de position entraînent une très forte résistance de la part du gouvernement français qui, déjà en 1963, avait appliqué sur ces territoires une ordonnance destinée à l'origine à réprimer les fonctionnaires qui soutenaient la lutte de libération nationale en Algérie. Plusieurs fonctionnaires seront exilés en France métropolitaine à cause de cette ordonnance dite « Ordonnance Debré ». Aujourd'hui comment analysez-vous ces demandes : entre assimilation, autonomie, indépendance ?

Il y a une thèse : l'assimilation ; et, en face, une autre thèse : l'indépendance. Thèse, antithèse, synthèse : vous dépassez ces deux notions et vous arrivez à une formule, plus vaste, plus humaine et plus conforme à nos intérêts. Je ne suis pas assimilationniste, parce que mes ancêtres ne sont pas des Gaulois. Je suis indépendantiste. Comme tout Martiniquais, je crois à l'indépendance, mais encore faudrait-il que les Martiniquais la veuillent vraiment ! Selon eux, l'indépendance, c'est pour les autres, mais pas pour eux pour l'instant. Pour moi, ni indépendance ni assimilationnisme, mais autonomie, c'est-à-dire, avoir sa spécificité, ses formes institutionnelles, son propre idéal, tout en appartenant à un grand ensemble.

Inutile de vous dire que ce n'est pas du tout commode d'être « au milieu » : de droite, de gauche, vous prenez des coups de toutes parts. Et j'en ai reçu. Il n'est pas facile d'être antillais, ça ne doit pas être facile d'être réunionnais, mais c'est comme ça, et nous devons assumer avec courage, avec dignité et, s'il le faut, avec fierté.

J'ai évoqué nos problèmes sur les plans culturel et social, mais à mon avis, aujourd'hui, notre principale faiblesse est économique. L'économie antillaise était génératrice de misère et d'inégalité, mais elle existait. Qu'en est-il maintenant ? À l'heure actuelle, nous sommes un pays qui ne produit plus rien, mais qui consomme de plus en plus. C'est une situation d'assistanat, dont il nous faut sortir.

Dans Discours sur le colonialisme, *vous n'hésitez pas à écrire* « L'Europe est indéfendable », « moralement, spirituellement indéfendable ». *Plus loin, vous suggérez que le colonialisme a contribué à* « l'ensauvagement du continent ». *Je cite, c'est une longue citation, mais je vous expliquerai pourquoi je le fais :* « C'est une barbarie, mais la barbarie suprême, celle qui couronne, celle qui résume la quotidienneté des barbaries ; que c'est du nazisme, oui, mais qu'avant d'être la victime, on en a été le complice ; que ce nazisme-là, on l'a supporté avant de le subir, on l'a absous, on a fermé l'œil dessus, on l'a légitimé, parce que, jusque-là, il ne s'était appliqué qu'à des peuples non européens[3] ». Vous vous doutez que ce sont des thèses très controversées, mais ce que je voudrais vous voir développer c'est votre analyse du colonialisme comme « maladie de l'Europe ». De nombreux chercheurs explorent les liens entre colonie et métropole, j'en fais partie, c'est-à-dire qu'ils refusent d'entériner l'idée d'une frontière étanche entre colonie et métropole, mais cherchent plutôt à découvrir les échanges, les emprunts, les distorsions, les limites.

La mentalité coloniale existe. L'Europe s'est persuadée qu'elle apportait un bienfait aux Africains. Par la suite, on a connu les brutalités et les exactions américaines. Mais les Occidentaux ne sont pas les seuls à avoir eu cette pulsion ; les Russes en ont fait autant. Aujourd'hui, le danger est partout. Après-demain, on s'apercevra qu'il y a plusieurs

---

3. Aimé CÉSAIRE, *Discours sur le colonialisme*, Paris, Présence Africaine (1955), 2004, p. 13.

milliards de Chinois. C'est ça l'histoire. La Chine deviendra la plus grande puissance du monde.

Et puis il y a l'homme, l'homme qui sait beaucoup de choses, mais qui a aussi une volonté de puissance. Tant de systèmes se sont fondés sur cette puissance. De même que chacun doit dominer sa méchanceté fondamentale, il faut que les États apprennent à dominer leur désir de conquérir et d'assujettir. L'homme est comme il est. Il vient au monde, puis très vite il s'aperçoit que la vie est un drôle de cadeau. Comment sont nées les religions ? Imaginez un homme : « Oh la mer ! Oh le soleil ! » Chercher l'aide des dieux pour se protéger d'une chose ou d'une autre, voilà la base de toutes les religions. Pour chaque danger, chaque menace, on invente un dieu. Le sentiment qu'a l'homme de sa faiblesse et sa recherche perpétuelle de protection contre des forces qui le dépassent, en premier lieu contre des forces naturelles, c'est cela que l'on doit comprendre. Le principe d'espérance est lié à cette vision du monde. Nous menons un combat contre ces forces naturelles, contre nous-mêmes, et ce combat n'est jamais entièrement gagné. La lutte contre nos propres tendances et la lutte collective ne vont pas l'une sans l'autre, l'une influe toujours sur l'autre.

Nous avons beaucoup évoqué vos activités poli-
tiques, mais vous vous êtes toujours et d'abord pré-
senté comme poète. Comment avez-vous fait cohabi-
ter ces deux activités ?

Je ne sais pas comment j'ai fait pour lier ces deux
activités. Je m'étonne moi-même. On ne peut pas
dire que j'ai réussi. Récemment, on m'a envoyé le
questionnaire de Proust en me demandant d'y
répondre. Quelles questions ! Il faudrait un livre, ou,
ce qui revient au même, une vie pour répondre.
Qu'est-ce que je pense des hommes ? qu'est-ce que
je pense des femmes ? qu'est-ce que je pense de moi-
même et de mon caractère, etc. ? À vrai dire, je ne
sais que répondre. C'est dans mes poèmes, les plus
obscurs sans doute, que je me découvre et me
retrouve... Et qui peut le découvrir sinon vous qui
me lisez, me relisez, me faisant l'honneur de me tra-
quer, si j'ose dire, depuis des années ? C'est dans ma
poésie que se trouvent mes réponses. La poésie m'intéresse, et je me relis, j'y tiens. C'est là que je suis.
  La poésie révèle l'homme à lui-même. Ce qui est
au plus profond de moi-même se trouve certainement dans ma poésie. Parce que ce « moi-même »,
je ne le connais pas. C'est le poème qui me le révèle
et même l'image poétique.

j'habite une blessure sacrée
j'habite des ancêtres imaginaires
j'habite un couloir obscur
j'habite un long silence
j'habite une soif irrémédiable
j'habite un voyage de mille ans
j'habite une guerre de trois cents ans
j'habite un culte désaffecté
entre bulbe et caïeu j'habite l'espace inexploité
j'habite du basalte non une coulée
mais de la lave le mascaret
qui remonte la valleuse à toute allure
et brûle toutes les mosquées
je m'accommode de mon mieux de cet avatar
d'une version du paradis absurdement ratée
– c'est bien pire qu'un enfer –
j'habite de temps en temps une de mes plaies
chaque minute je change d'appartement
et toute paix m'effraie

    tourbillon de feu
    ascidie comme nulle autre pour poussières
    de mondes égarés
    ayant craché volcan mes entrailles d'eau vive
    je reste avec mes pains de mots et mes
                minerais secrets

j'habite donc une vaste pensée
mais le plus souvent préfère me confiner
dans la plus petite de mes idées
ou bien j'habite une formule magique
les seuls premiers mots
tout le reste étant oublié
j'habite l'embâcle
j'habite la débâcle
j'habite le pan d'un grand désastre
j'habite le plus souvent le pis le plus sec
du piton le plus efflanqué – la louve de ces
nuages –
j'habite l'auréole des cactacées
j'habite un troupeau de chèvres tirant sur la tétine
de l'arganier le plus désolé
à vrai dire je ne sais plus mon adresse exacte
bathyale ou abyssale
j'habite le trou des poulpes
je me bats avec un poulpe pour un trou de poulpe

    frère n'insistez pas
    vrac de varech
    m'accrochant en cuscute
       ou me déployant en porana
    c'est tout un
       et que le flot roule
       et que ventouse le soleil

et que flagelle le vent
ronde bosse de mon néant

la pression atmosphérique ou plutôt l'historique
agrandit démesurément mes maux
même si elle rend somptueux certains de mes
mots[4].

Si un jeune Martiniquais vous demandait ce qu'il doit lire pour découvrir qui il est, que lui conseilleriez-vous ?

La culture universelle. Tout doit nous intéresser : le grec, le latin, Shakespeare, les classiques français, les romantiques, etc. C'est à chacun de faire l'effort personnel de trouver une réponse. Aucun de nous n'est en marge de la civilisation universelle. Elle existe, elle est là, et elle peut nous enrichir, elle peut aussi nous perdre. C'est à chacun de faire le travail.

---

4. Aimé CÉSAIRE, « Calendrier laminaire », in *Moi, Laminaire*, in *Anthologie Poétique*, Paris, Imprimerie nationale, 1996, p. 233-234.

Dans votre œuvre théâtrale apparaît souvent la figure du rebelle, la figure prométhéenne qui défie le temps et les hommes. Vous reconnaissez-vous dans cette figure ?

J'ai toujours été connu comme un rouspéteur. Je n'ai jamais rien accepté purement et simplement. En classe, je n'ai cessé d'être rebelle. Je me souviens d'une scène, à l'école primaire. J'étais assis à côté d'un petit bonhomme, à qui je demandai : « Que lis-tu ? » C'était un livre : « Nos ancêtres, les Gaulois avaient les cheveux blonds et les yeux bleus... » « Petit crétin », lui dis-je, « va te voir dans une glace ! » Ce n'était pas forcément formulé en termes philosophiques, mais il y a certaines choses que je n'ai jamais acceptées, et je ne les ai subies qu'à contrecœur.

Quand je parle de situations insupportables, je pense d'abord à la médiocrité de la vie coloniale : « Monsieur le Gouverneur, Monsieur le Préfet, mon Colonel, mon Général, etc. » Dans la vie, il y a des choses que l'on supporte très mal et, si nous faisons tous un effort, c'est parce que nous sentons qu'il est urgent de faire naître une autre civilisation. Ce n'est pas très original, mais c'est vrai : il faut un autre monde, il faut un autre soleil, il faut une autre conception de la vie. C'est cela l'effort collectif. Ces temps derniers – il n'y a rien de neuf dans ce que je dis là –, tout ce dont rêvaient les philosophes s'est terminé par une terrible déconvenue. La dernière chose que l'on ait imaginée, c'était le communisme… Il faut repartir vers un autre monde qui affirme la peur de la violence, la peur de la haine et le respect de l'homme, son épanouissement.

Vous avez donné à Haïti une place importante dans votre œuvre et vous avez écrit un essai sur Toussaint Louverture. Vous êtes allé en Haïti très tôt dans votre carrière, comment s'est passée cette rencontre ?

J'étais encore jeune quand j'y suis allé la première fois. J'ai rencontré des intellectuels, souvent très brillants, mais c'étaient de vrais salopards. Quand je visitais le pays, je voyais les nègres avec leur bêche, travaillant souvent comme des bêtes enchaînées et me parlant créole avec un accent formidable et de manière très sympathique. Ils ne comprenaient pas le français. Ils étaient d'une grande vérité, mais pathétiques. Comment faire pour réunir ce monde des intellectuels et des paysans, réaliser une vraie fusion ? Il serait simpliste de

dire que les paysans ont raison ; c'est plus compli-
qué que cela. Mais dans *La Tragédie du roi
Christophe*, je décris les difficultés d'un homme qui
doit conduire un pays comme Haïti, pays très complexe, et il y a certainement de cela aux Antilles.

Toussaint Louverture m'a intrigué, et j'en suis très
vite venu à penser à la Révolution française. Il faut
partir de la Révolution française pour arriver à
Toussaint Louverture. C'est un ensemble. Au cours
de ma recherche, je n'ai rien trouvé de vraiment
très pertinent, même dans les grands livres sur la
question coloniale pendant la Révolution française.
Or, la colonisation n'est pas *un* chapitre de cette histoire, mais au contraire quelque chose de fondamental. Sans être historien, je me suis mis à étudier la
Révolution française ; j'ai lu des documents, j'ai
voulu comprendre ce qui s'était passé. Dans la
Révolution française, il existe un problème capital sur
lequel on fait l'impasse avec la plus grande légèreté,
et même les spécialistes, c'est le problème colonial.

Je suis retourné aux sources, et je me suis fait
une idée très différente de celle que l'on trouvait
même sous la plume de vrais historiens. Moi aussi,
j'ai une spécialité : je suis Nègre. Eux, ils ont du
sang blanc ; moi j'ai du sang nègre. Et nous avons
un point de vue très différent ; j'ai donc une autre

conception de la Révolution française, une autre conception de Toussaint Louverture et une autre conception de Haïti. Elles sont bonnes ou mauvaises, mais ce sont les miennes.

Il y a beaucoup de moi dans ce livre sur Toussaint Louverture, qui est, je crois, d'une grande honnêteté. J'ai la vieille manie de diviser mes textes en trois parties. Tout d'abord, la Révolution française en Haïti. Les Blancs eux-mêmes se sont révoltés. J'appelle ce moment : « La fronde des grands Blancs », parce qu'ils avaient des intérêts à défendre[5]. Certains Français ont lutté contre cette fronde. Pour cela, ils ont fait appel à une classe déjà présente, et dont on ne parlait pas beaucoup : les mulâtres, les hommes de couleur libres. Ces derniers prennent possession du mouvement. Très vite, on s'aperçoit que c'est une classe, qu'ils défendent des intérêts de classe. Ils luttent contre les grands Blancs, mais ils parlent nègre. Vous avez donc deux classes : les grands Blancs et les mulâtres, qui ne se rendent pas compte qu'il existe une autre classe, celle des esclaves nègres africains. Pour eux, ce n'est ni une fronde ni une révolte, c'est la révolution. La révolution haïtienne est une révolution nègre.

_____
5. « Grands Blancs » : nom donné aux grands propriétaires dans les sociétés de plantation.

Trois temps donc : la fronde, puis la révolte des mulâtres, qui reste inachevée, et enfin la révolution, quand la grande majorité de la population nègre prend la parole. Ces étapes culminent avec l'arrivée de Toussaint Louverture. Après la révolution, les problèmes perdurent, car on ne leur a toujours pas donné de solution. Il y a un problème de classe et, de manière sous-jacente, un problème de race, parce que la classe, on le voit bien ici, dépend souvent de la race. Ce n'est pas clair, ce n'est pas net, ce n'est pas franc, mais je pense que c'est quand même sous-jacent. Après la révolte nègre, un régime a été instauré, un régime très antillais : une majorité de mulâtres était aux commandes de l'administration et, au fil du temps, la classe mulâtre a continué à exercer le pouvoir. De temps en temps, apparaissent des mouvements nègres qui débouchent sur des dictatures.

La solitude du pouvoir que finit par rencontrer le leader des mouvements d'émancipation coloniale est un thème récurrent dans votre œuvre.

En effet, je pense que cette solitude existe. Quand je suis allé en Haïti, j'ai constaté bien des problèmes. Il était bienséant de ne pas en parler, mais je les voyais car je suis un homme de couleur. Mais que pouvaient les Haïtiens ? Quels étaient leurs moyens ? Je ne savais pas. Je rencontrais des types plutôt braves, mais je les sentais impuissants. Tout ce qu'ils faisaient était superficiel par rapport à cette société terriblement complexe, à des situations souvent tragiques. Un jour, dans un groupe, j'ai rencontré un homme qui m'a semblé timide, très réservé : c'était le Docteur Duvalier, Papadoc. Il n'a pas parlé politique. Il avait l'air d'un intellectuel plutôt calme, mais en réalité une terrible ambition habitait cet homme. Plus tard, en Aristide, j'ai vu un intellectuel, un homme très raisonnable, mais pas du tout comme un meneur d'hommes, absolument pas. Quand il est venu en Martinique, il a fait un discours presque académique.

À Haïti, j'ai surtout vu ce qu'il ne fallait pas faire ! Un pays qui avait prétendument conquis sa liberté, qui avait conquis son indépendance et que je voyais plus misérable que la Martinique, colonie française ! Les intellectuels faisaient de « l'intellectualisme », ils écrivaient des poèmes, ils prenaient des positions sur telle ou telle question, mais sans rapport avec le peuple lui-même. C'était tragique, et cela pouvait très bien nous arriver aussi, à nous Martiniquais.

C'est à la suite de ces expériences que j'ai écrit *La Tragédie du roi Christophe*. Cette pièce doit également beaucoup à l'excursion que j'ai faite au Cap-Haïtien[6]. On a présenté Christophe comme un homme ridicule, un personnage qui passait son temps à singer les Français. On a mis l'accent sur cet aspect, bien réel, mais moi aussi je suis un nègre, et ce nègre n'avait pas qu'un côté « singe ». Dans ce singe, il y avait une pensée profonde, une angoisse réelle ; j'ai voulu transpercer le grotesque pour trouver le tragique. *La Tragédie du roi Christophe* n'est pas une comédie, c'est une tragédie très réelle, car c'est la nôtre. Que fait Christophe ? Il instaure une monarchie ; il veut imiter le roi de France et s'entoure de ducs, de marquis, d'une cour. Tout cela est grotesque ; mais, derrière ce décorum, derrière cet homme, il y a une tragédie qui pose des questions très profondes sur la rencontre des civilisations. Ces

---

6. Cap-Haïtien : emplacement de l'ancienne capitale de Saint-Domingue, située au nord de l'île, devenue capitale du royaume du roi Christophe. Christophe participa au soulèvement de Haïti aux côtés de Toussaint Louverture. Fait général en 1802, il fomenta, en 1806, un coup d'État contre Dessalines, qui s'était proclamé empereur Jacques Ier. Christophe gouverna la partie nord de l'île (le sud étant aux mains de Pétion), d'abord comme président élu, puis en tant que roi, sous le nom d'Henri Ier. Il créa une noblesse, fit construire le palais de Sans Souci et la forteresse de La Ferrière, que Césaire visita. Christophe se suicida en 1820, au cours d'une messe, dans une église qu'il avait fait bâtir.

gens prennent l'Europe pour modèle. Or, l'Europe se moque éperdument d'eux. C'est une évidence.

Voilà comment j'ai imaginé cette cour – on se croirait à la cour du roi de France. Christophe revêt, le manteau royal,

> CHRISTOPHE
> Aïe ! Aïe ! Qu'est-ce qui me mord au jarret ?

[Alors là, c'est le fou du roi. C'est Hugonin, c'est lui qui est le fou du roi, sortant de dessous la table.]

> HUGONIN
> Oua, oua, oua ! Je veux dire que je suis le chien de Sa majesté, le carlin de Sa majesté, le bichon de Sa majesté, le mâtin, le dogue de Sa majesté !

> CHRISTOPHE
> Un compliment qui fait mal aux mollets ! Va te coucher espèce d'imbécile !

[C'est le bouffon, et il est souvent très près de la vérité.]

> PRÉZEAU
> Un message, Majesté. Une lettre de Londres remise par Sir Alexis Popham.

[Cet homme, Wilberforce, est, si vous voulez, l'ancêtre de Schœlcher, c'est le Schœlcher du XVIIIe siècle. Il était négrophile.]

CHRISTOPHE
Mon noble ami Wilberforce ! Des vœux pour l'anniversaire de mon couronnement !... Ha... Il m'écrit qu'il m'inscrit à plusieurs sociétés scientifiques, ainsi que la société de la Bible Anglaise (rires). Hein, archevêque ? Cela ne peut pas faire de mal ? Mais, Wilberforce, vous ne m'apprenez rien et vous n'êtes pas le seul à raisonner ainsi. « On n'invente pas un arbre, on le plante ! On ne lui extrait pas les fruits, on le laisse porter. Une nation n'est pas une création, mais un mûrissement, une lenteur, année par année, anneau par anneau. » Il y en a de bonnes ! Être prudent ! « Semer », me dit-il, « les graines de la civilisation. » Oui. Malheureusement, ça pousse lentement, tonnerre ! *Laisser du temps du temps.*
Mais nous n'avons pas le temps d'attendre, quand c'est précisément le temps qui nous prend à la gorge ! Sur le sort d'un peuple, s'en remettre au soleil, à la pluie, aux saisons, drôle d'idée !

MADAME CHRISTOPHE
Christophe !
Je ne suis qu'une pauvre femme, moi,

j'ai été servante, moi la reine à l'Auberge de la
Couronne !
Une couronne sur ma tête ne me fera pas
devenir
autre que la simple femme,
la bonne négresse qui dit à son mari
attention !
Christophe, à vouloir poser la toiture d'une case
sur une autre case
elle tombe dedans ou se trouve grande !
Christophe, ne demande pas trop aux hommes
et à toi-même, pas trop !

C'est pas très martiniquais ça ? Je vois presque la
personne que je viens de décrire. [Césaire reprend
Madame Christophe avec une voix de « femme ».]

Et puis je suis une mère
et quand parfois je te vois emporté sur le cheval
de ton cœur fougueux
le mien à moi
trébuche et je me dis :
pourvu qu'un jour on ne mesure pas aux malheurs
des enfants la démesure du père.
Nos enfants, Christophe, songe à nos enfants.
Mon Dieu ! Comment tout cela finira-t-il ?

CHRISTOPHE

Je demande trop aux hommes ! Mais pas assez aux
nègres, Madame ! S'il y a une chose qui, autant
que les propos des esclavagistes, m'irrite, c'est
d'entendre nos philanthropes clamer, dans le
meilleur esprit sans doute, que tous les hommes
sont des hommes et qu'il n'y a ni Blancs ni Noirs.
C'est penser à son aise, et hors du monde,
Madame. Tous les hommes ont mêmes droits. J'y
souscris. Mais du commun lot, il en est qui ont
plus de devoir que d'autres. Là est l'inégalité. Une
inégalité de sommations, comprenez-vous ? À qui
fera-t-on croire que tous les hommes, je dis tous,
sans privilège, sans particulière exonération, ont
connu la déportation, la traite, l'esclavage, le collectif ravalement à la bête, le total outrage, la vaste
insulte, que tous, ils ont reçu, plaqué sur le corps,
au visage, l'omni-niant crachat ! Nous seuls,
Madame, vous m'entendez, nous seuls les nègres !
Alors au fond de la fosse ! C'est bien ainsi que je
l'entends. Au plus bas de la fosse. C'est là que
nous crions ; de là que nous aspirons à l'air, à la
lumière, au soleil. Et si nous voulons remonter,
voyez comment s'imposent à nous, le pied qui
s'arc-boute, le muscle qui se tend, les dents qui se
serrent, la tête, oh ! la tête, large et froide. Et voilà
pourquoi il faut en demander aux nègres plus
qu'aux autres : plus de travail, plus de foi, plus

d'enthousiasme, un pas, un autre pas, encore un autre pas, et tenir gagné chaque pas ! C'est d'une remontée jamais vue que je parle, Messieurs, et malheur à celui dont le pied flanche !

MADAME CHRISTOPHE
Un roi, soit !
Christophe, sais-tu comment, dans ma petite tête crépue, je comprends un roi ?
Bon ! C'est au milieu de la savane ravagée d'une rancune de soleil, le feuillage haut et rond du gros mombin sous lequel se réfugie le bétail assoiffé d'ombre.
Mais toi ? Mais toi ?
Parfois je me demande, si tu n'es pas plus tôt
à force de tout entreprendre,
de tout régler,
le gros figuier qui prend toute la végétation
alentour
et l'étouffe !

CHRISTOPHE : cet arbre s'appelle un figuier maudit. Pensez-y ma femme. Ah je demande trop aux nègres. Tenez, écoutez, quelque part dans la nuit, le tam-tam bat. Quelquefois dans la nuit, mon peuple danse, et c'est tous les jours comme ça[7].

---

7. Aimé CÉSAIRE, *La Tragédie du roi Christophe*, *op. cit.*, p. 57-60.

Madame Christophe nous appelle au bon sens. Ma grand-mère s'exprimait de cette façon. J'ai écrit à partir de ce que je connaissais. Imaginez, à cette époque, une femme qui avait été esclave. Elle pouvait être tentée par la résignation, la prudence. C'est tout à fait compréhensible. En fait, il s'agit d'une tragédie antique.

Senghor et moi pensions qu'il fallait parler aux gens, mais comment s'adresser à eux ? Ce n'était pas avec des poèmes que j'allais parler aux foules. Je me suis dit : « Et si on faisait du théâtre, pour exposer nos problèmes, mettre en scène notre histoire pour la compréhension de tous. » Nous sortions de l'histoire traditionnelle qui a toujours été écrite par les Blancs. Je n'ai l'ambition d'aucune solution. Je ne sais pas où nous allons, mais je sais qu'il faut foncer. Il faut libérer l'homme nègre, mais il faut aussi libérer le libérateur. Il y a un problème en profondeur. Un problème de l'homme avec lui-même.

Ce vertige du pouvoir que vous explorez dans La Tragédie du roi Christophe, *vous l'explorez aussi dans* Une saison au Congo.

Les Africains ont-ils accepté cette vision de Lumumba dans ma pièce ? J'ai pris des risques. Lors de la célébration de l'indépendance, le roi Baudouin fit un discours, puis quelqu'un prit la parole d'une façon qui tranchait sur les autres discours officiels. Il s'agissait de Lumumba :

Moi, sire, je pense aux oubliés.

Nous sommes ceux que l'on déposséda, que l'on frappa que l'on mutila, ceux que l'on tutoyait, ceux à qui l'on crachait au visage. *Boys*-cuisine, *boys*-chambre, *boys* comme vous dites, lavadères, nous fûmes un peuple de boys, un peuple de oui-*bwana*, et qui doutait que l'homme pût ne pas être l'homme, n'avez qu'à nous regarder.

Sire, toute souffrance qui se pouvait souffrir, nous l'avons souffert. Toute humiliation qui se pouvait boire, nous l'avons bue.

Mais camarades, le goût de vivre, ils n'ont pu nous l'affadir dans la bouche, et nous avons lutté avec nos pauvres moyens, lutté pendant cinquante ans

et voici : nous avons vaincu.

Notre pays est désormais entre les mains de ses enfants.

Nôtre, ce ciel, ce fleuve, cet air,

Nôtre, le le lac et la forêt.

Nôtre, Karissimbi, Nyiragongo, Niamuragira,
Mikéno, Ehu, montagnes montées de la parole
même du feu,
Congolais, aujourd'hui est un jour, grand.
C'est le jour où le monde accueille parmi les
nations Congo, notre mère
et surtout Congo notre enfant,
l'enfant de nos veilles, de nos souffrances, de nos
combats[8].

Ce sont des illusions d'intellectuels. C'est une
tragédie. Pas forcément historique mais qui dit
l'impatience. Ainsi, Lumumba dit encore :

Je hais le temps ! je déteste vos « doucement » ! Et
puis : rassurer ! Pourquoi rassurer ! Je préférerai
plutôt un homme qui inquiétât, un inquiéteur !
un homme qui rendît le peuple inquiet, comme je
le suis moi-même, de l'avenir que nous préparent
les mauvais bergers[9] !

---

8. Aimé CÉSAIRE, *Une saison au Congo*, Paris, Seuil, 1973, p. 30-31.
9. *Ibid.*, p. 112.

*Voyez-vous des obstacles aujourd'hui à la solida-
rité entre les peuples noirs ?*

C'est une question très importante, angoissante.
Le sort du Libéria, celui de la Côte d'Ivoire sont
effrayants. Nous protestons contre le colonialisme,
nous réclamons l'indépendance, et cela débouche
sur un conflit entre nous-mêmes. Il faut vraiment
travailler à l'unité africaine. Elle n'existe pas. C'est
effroyable, insupportable. La colonisation a une
très grande responsabilité : c'est la cause origi-
nelle. Mais ce n'est pas la seule, parce que s'il y a
eu colonisation, cela signifie que des faiblesses
africaines ont permis l'arrivée des Européens, leur
établissement.

À l'époque de la colonisation, on trouvait des
« tribus ». Mais nous, les Noirs, avons créé une unité
pour gagner l'indépendance. Et maintenant que
nous sommes indépendants, une guerre s'est
enclenchée ; une guerre de classes dégénérant en
une guerre de races. Je crois qu'il nous faut fournir
des efforts considérables pour éviter de tomber
dans ce travers. L'unité reste à inventer, à forger.
Les Africains doivent pour le moins se reconnaître
comme appartenant au même continent, avec un
idéal commun, et lutter ensemble contre un ennemi

commun, en ne cherchant pas cet ennemi à l'intérieur du pays mais en dehors.

Il s'agit par ailleurs d'un continent tres riche, suscitant beaucoup de convoitises. La guerre au Sierra Leone a ainsi été alimentée par l'avidité pour les diamants. Bien sûr, les Européens n'ont pas manqué de jouer de ces failles, mais parfois les Africains l'ont fait sans l'aide des Européens. Et j'ai souvent pensé : « Mon Dieu, s'il y avait du pétrole aux Antilles, on serait à côté de nos pompes à tout jamais. »

Vous parlez souvent d'un « nouvel humanisme » ?

On ne va quand même pas faire du catéchisme. Je veux bien essayer de comprendre les problèmes des Européens, mais il faut qu'ils comprennent les nôtres, qui sont bien réels. Les Africains se sont battus pour avoir un pays, une nation. Mais ce n'est absolument pas en termes de nation que je pose le problème. L'homme doit essayer de comprendre l'homme et, en ce qui concerne l'Afrique, j'identifie les maux ; j'en cherche les causes pour aider à y remédier. Vous savez, les Martiniquais ne sont pas drôles tous les jours ! Pourtant, je continue à réfléchir. Quand une femme du peuple vient se plaindre, je commence par le prendre mal, puis je me dis qu'il faut la comprendre, voir dans quelle situation elle se trouve. Je cherche malgré tout une solution. C'est une affaire d'attitude à l'égard de la souffrance humaine.

L'éducation peut aider à favoriser cette attitude. Malheureusement l'éducation, telle qu'elle a été donnée, telle qu'elle est donnée encore, est souvent responsable. Où Hitler a-t-il appris le racisme ? Et le fanatisme musulman n'est-il pas dangereux ? Je pense que si. Une partie de l'islam est quand même très dure à l'égard de l'Afrique. J'ai bien connu un Kabyle ; il fallait voir quel regard il jetait sur les gens d'Alger, qu'il considérait comme des colonisateurs. Les Arabes ont été des colonisateurs, des dominateurs et des marchands d'esclaves.

Il ne faut pas croire qu'il suffit d'être Antillais pour qu'un autre Antillais vous aime Je me souviens de la réponse de Pompidou à une question que je lui posais au sujet de la région caraïbe : « Monsieur le Président, pourquoi ne faites-vous pas une seule région Martinique-Guadeloupe ? » – « Mais Césaire, vous croyez que les Guadeloupéens vous aiment ? Ça ne marchera pas. » L'homme doit respecter l'homme, aider l'homme. Je n'ai pas le droit de rester insensible devant les malheurs de telle ou telle commune guadeloupéenne. Il faut dépasser ce genre de clivage. Chaque partie du monde a droit à la solidarité universelle.

Il s'agit de savoir si nous croyons à l'homme et si nous croyons à ce qu'on appelle les droits de l'homme. À liberté, égalité, fraternité, j'ajoute toujours identité. Car, oui, nous y avons droit. C'est notre doctrine à nous, hommes de gauche. Dans les régions d'outre-mer, des situations spéciales ont été imposées. Je crois que l'homme où qu'il se trouve a des droits en tant qu'homme. Le respect de l'homme me paraît fondamental.

Peu m'importe qui a écrit le texte de la Déclaration des droits de l'homme ; je m'en fiche, elle existe. Les critiques contre son origine « occidentale » sont simplistes. En quoi cela me gênerait-il ? J'ai toujours été irrité par le sectarisme que j'ai rencontré jusque dans mon propre parti. Il faut s'approprier ce texte et savoir l'interpréter correctement. La France n'a pas colonisé au nom des droits de l'homme. On peut toujours raconter n'importe quoi sur ce qui s'est passé : « Regardez dans quel état sont ces malheureux. Ce serait un bienfait de leur apporter la civilisation. » D'ailleurs, les Européens croient à *la* civilisation, tandis que nous,

nous croyons *aux* civilisations, au pluriel, et *aux* cultures. Le progrès, avec cette déclaration, c'est que tous les hommes ont les mêmes droits, simplement parce qu'ils sont des hommes. Et ces droits-là, tu les réclames pour toi et pour l'autre.

Vous prônez ce qu'on appelle le « dialogue entre les civilisations » ?

Oui, il faut l'établir par la politique et la culture. Il faut que nous apprenions que chaque peuple a une civilisation, une culture, une histoire. Il faut lutter contre un droit qui instaure la sauvagerie, la guerre, l'oppression du plus faible par le plus fort. Ce qui est fondamental, c'est l'humanisme, l'homme, le respect dû à l'homme, le respect de la dignité humaine, le droit au développement de l'homme. Les formules peuvent différer, bien entendu, avec le temps, avec les siècles, avec les compartimentages géographiques, mais enfin l'essentiel est là.

Postface

POUR UNE LECTURE POSTCOLONIALE DE CÉSAIRE

Avec ces entretiens, j'ai voulu démontrer qu'il est possible de relire Césaire en dehors des cadres habituels de la critique littéraire, de l'étude de la littérature francophone et de la négritude, qui ont donné de très grands travaux, mais qui ont tendance à faire oublier la portée historique et politique de ses écrits. Proposer une lecture postcoloniale signifie relire Césaire à la lumière des problématiques que proposent les critiques postcoloniaux. Le postcolonialisme ayant mauvaise presse en France, je vais préciser ici ce dont je parle.

On peut dater l'émergence d'une école postcoloniale avec la parution en 1978, aux États-Unis, de

l'ouvrage d'Edward Saïd, *Orientalism*[1]. Très vite, il
devint un texte de référence dans les universités ;
colloques et publications furent organisés, que ce
soit pour soutenir ou réfuter la thèse centrale.
L'Orientalisme continue aujourd'hui à constituer
un texte de base dans les universités de langue
anglaise (c'est-à-dire non seulement aux États-
Unis, mais aussi en Inde, en Asie de l'Est, en
Afrique). La thèse centrale n'est pas, comme on le
pense souvent, de réhabiliter un Orient malmené
par des Européens, et donc d'en rectifier l'image.
Saïd était beaucoup plus radical : pour lui, l'Orient
n'existait pas, c'était une fabrication, une fiction
des Occidentaux élaborée au XIXe siècle. Parler
d'Oriental, d'« Arabe » ou de « musulman » pour
désigner des positions extrêmement variées, disper-
sées dans le temps et l'espace, est absurde, écrivait-
il. Les sociétés dites « orientales » n'ont jamais
existé isolément, il n'y a donc pas d'« essence »
orientale. Comme pour toutes les autres sociétés,
leur culture est hybride, le produit d'innombrables
rencontres et interactions. Cette appellation géné-

---

1. Edward W. SAÏD, *Orientalism. Western Conceptions of the
Orient*, Pantheon, 1978 ; trad. fr., *L'Orientalisme. L'Orient créé par
l'Occident*, Paris, Seuil, 1996.

rique, l'Orient, ne nous renseigne en rien sur ces sociétés. Elle aurait été inventée pour satisfaire le besoin des Européens de réifier l'autre, de faire de la terre de l'autre un espace d'attraction exotique, d'effroi et de répulsion, et ces constructions, poursuivait Saïd, continuent à opérer bien après que leurs auteurs ont disparu. Je partage certaines des critiques formulées contre le travail de Saïd – faire de l'Occident ce qu'il l'accusait d'avoir fait en inventant « l'Orient », une entité fermée, ne voir dans le texte littéraire qu'une construction impériale de l'autre. Néanmoins, je partage avec d'autres la conviction que son analyse contient des choses très justes et que, surtout, elle permet de renouveler l'étude des relations entre l'Europe et le monde au-delà du discours marxisant ; car elle montre bien que les représentations ont de nombreuses incidences, non seulement dans le champ des images, mais aussi dans celui des décisions économiques et politiques. Ainsi, plus tard, la réflexion de Saïd et les outils épistémologiques qu'il met en place ont permis à la critique des politiques de développement de démontrer combien les programmes d'aide répondaient, dans leur élaboration même, aux attentes stéréotypées des Européens envers les peuples africains, asiatiques, etc.

Suivant la voie tracée par Saïd, la théorie post-coloniale s'est d'abord intéressée à la littérature et aux images, dans lesquelles elle a analysé en terme de symptôme l'absence ou la présence de l'*indigène*. Cette première étape est celle d'un repérage du manque, de l'absence – absence des femmes, des groupes ethniques, des colonisés – dans des textes qui se voulaient de portée universelle. Mais une telle révision ne peut avoir pour but ultime de pointer l'absence, sans que se dresse aussitôt le danger d'une lecture rétrospective où une posture morale tiendrait lieu de critique. Avec la mise au point de l'impératif de localisation – toute connaissance doit être « située » –, le « tournant linguistique », les notions d'archéologie et de « généalogie foucaldiennes autour du couple « savoir-pouvoir » et la nécessité de questionner comment l'Autre est produit ont fait leur chemin, que cet Autre soit femme, colonisé, gay... La critique post-coloniale s'engage alors dans un dialogue avec les textes classiques et analyse la situation postcoloniale comme productive de sens et non comme simple produit de la colonisation. La postcolonialité serait une expérience décentrée du monde, avec ses temporalités multiples. Postuler l'existence d'un avant et d'un après la colonisation n'épuise pas le problème des rapports entre temporalité et subjectivité en postcolonie : il faut savoir penser les moments de transition et les durées indépendantes de la temporalité coloniale, tout comme il faut s'intéresser aux productions de sens nées de l'emprunt, du bricolage. Le chercheur vise alors à décrire, sans préjuger d'une hiérarchie de valeurs, la manière dont se font des croisements théoriques. La colonie n'est pas cet espace extérieur à la métropole, mais un espace qui affecte idées, représentations, mouvements sociaux et politiques en métropole, et *vice versa*. La citoyenneté, l'identité nationale, les stratégies de représentations, les pratiques d'inclusion et d'exclusion sont étudiées à la lumière de ces interactions métropole-colonie.

S'il est vrai que les travaux propres au champ postcolonial ont trop souvent manqué de rigueur, confondant image et réalité, ils ont néanmoins bouleversé les études coloniales qui étaient auparavant dominées par l'approche historiciste ou économiste, dont le déterminisme enfermait les ex-colonisés dans une temporalité linéaire (ère précoloniale, période coloniale, décolonisation). Ce découpage chronologique reste pertinent, mais il ne peut recouvrir le foisonnement des itinéraires du monde pré-colonial et colonial. Ces remarques ont

provoqué une « crise » dans de nombreuses disciplines, et en particulier dans le champ des « études
coloniales ». À l'occasion de l'échange vif autour du
texte de Didier Gondola, jeune universitaire francophone établi aux États-Unis, qui déclare en 1998 :
« l'africanisme français a un train de retard qu'il ne
va pas rattraper en mondialisant sa propre faillite,
mais en balayant devant sa propre porte », nombreux furent ceux qui soulignèrent les déficiences,
les faiblesses, et les hypocrisies de ce champ[2]. Plus
récemment Catherine Coquery-Vidrovitch a parlé
de la nécessité d'« une histoire coloniale repensée :
celle-ci demeure encore souvent embourbée dans
la mémoire, entachée selon les cas de la nostalgie
de l'homme blanc, ou au contraire de celle de l'épopée coloniale et de la grandeur passée de l'empire ;
[...] il s'agit d'abord de dresser un inventaire et un
constat : la culture française est une culture coloniale[3] ». Une nouvelle génération de chercheurs en
langue française cherche à se démarquer d'un héritage qui fait obstacle à un travail « construit à partir
de toutes les complexités, de tous les regards à la

---

2. www.h-net.org/africa/

3. Catherine COQUERY-VIDROVITCH, Préface, in Séverine Awenengo,
Pascale Barthélémy, Charles Tshimanga (éd.), *Écrire l'histoire de
l'Afrique autrement ?*, Paris, L'Harmattan, 2004, p. 5-9.

fois convergents et divergents[4] ». Parmi ces chercheurs, nombreux pourtant sont ceux qui croient
pouvoir devenir les pionniers de ce champ qu'ils
viennent de découvrir, mais c'est qu'ils ignorent les
travaux qui existent déjà en langue française, sans
parler de toute la littérature en langue anglaise et
espagnole. Nous allons inévitablement assister à ce
que Barbara Christian avait si justement appelé
« *the race for theory* » (expression jouant sur le
double sens de *race* en anglais, « course » et « race »,
et signifiant à la fois « course pour la théorie » et « la
race comme théorie »), quand, aux États-Unis, tant
d'universitaires « découvrirent » soudain la question
raciale dans les années 1980. En France, on voit
surtout émerger ces derniers temps une lecture lit-
térale du terme qui fait croire que le « post » de
postcolonial marque une frontière dans le temps.
On est loin de la subtilité de la question que pose le
philosophe Anthony Appiah, dans son essai *The
Postcolonial and the Postmodern*[5], où il parlait du
danger pour le chercheur postcolonial de devenir
une « *Otherness machine* », c'est-à-dire d'incarner

---

4. *Ibid.*, p. 6.
5. Kwame Anthony APPIAH, *In My Father's House. Africa in the
Philosophy of Culture*, Oxford, Oxford University Press, 1992, p. 137-
157.

« l'Autre » conformément aux attentes occidentales
et ce faisant, de produire du texte et de l'image
postcoloniales qui ne soient pas si différentes du
texte et de l'image coloniale. On le voit, la position
est difficile à tenir et la plupart des critiques postcoloniaux tiennent à clarifier pourquoi et comment
ils utilisent cette notion. Je me range aux côtés de
ceux qui y voient un outil, un « clignotant » rappe-
lant la situation d'inégalité dans le rapport au savoir
reconnu et qui s'efforcent de poursuivre la déconstruction de ce que le philosophe Valentin Mudimbe
avait appelé la « bibliothèque coloniale » (« *colonial
library* », se présentant comme contenant *tout* le
savoir sur l'autre).

Les chercheurs postcoloniaux n'ont cessé de le
rappeler : la postcolonialité n'indique pas l'après de
l'indépendance nationale, mais veut interroger la
problématique anti-coloniale telle qu'elle a été for-
mulée dans les années 1960. Elle questionne deux
promesses : celle de l'Europe, à laquelle les
Lumières se sont engagées avec les principes d'égalité, de liberté et de fraternité, et celle de la nation,
telle qu'elle s'exprime dans le nationalisme des
mouvements de libération du tiers-monde. La première promesse avait au cours des siècles révélé un
cœur sombre, celui de l'exception à la règle, de

l'exception comme règle à ses principes : si tous les hommes naissaient libres et égaux en droit, certains l'étaient *naturellement*, alors que d'autres devaient le *devenir*. La deuxième promesse, celle d'une dignité retrouvée, d'un *nouvel humanisme*, avait reconduit des exclusions et produit les fléaux de la corruption, de la gabegie, de la brutalité, de l'abus de pouvoir, qui ne pouvaient pas tous être analysés comme des conséquences du colonialisme. Frantz Fanon l'avait perçu et dénonçait, dans un chapitre des *Damnés de la terre*, une « bourgeoisie nationale », avide de se saisir des privilèges et des richesses des colonisateurs, méprisant le « peuple » parfois avec encore plus de violence que les anciens maîtres. Loin d'être une simple indication temporelle, l'approche postcoloniale interroge donc toutes les formes d'exclusion produites par la situation coloniale et le moment national, qui ne sont pas conçus comme des moments clos sur des territoires aux frontières rigides, mais comme des lieux et des temporalités en interaction avec d'autres lieux et d'autres temporalités.

La postcolonialité appliquée à la situation française met en exergue la citoyenneté, obtenue de longue lutte, et en interroge la dimension normative, révélant son histoire conflictuelle et d'exclusion masquée (ouvriers, femmes, colonisés exclus des droits civiques et sociaux). Elle pose la question de la place et du rôle de la colonie dans l'élaboration de l'identité nationale française, de la doctrine républicaine et de l'image que la France se donne d'elle-même. La colonie en tant que telle est constitutive de la nation française, elle n'en est pas un surcroît ou son ailleurs déraisonnable. Le colonial a trop longtemps été compris comme l'exception alors qu'en réalité il modèle le corps même de la république. La postcolonialité opère une déconstruction de la lecture de l'histoire, en faisant par exemple de l'esclavage non pas seulement une période historique déterminée, mais une structure d'organisation des rapports humains qui se décline à la fois dans les rapports sociaux, dans l'imaginaire et dans les relations à la terre, au travail, au temps, à l'existence. Elle analyse les nouvelles formes de brutalité et de violence à l'œuvre dans la nouvelle étape de globalisation et propose des pratiques de solidarité avec les groupes et les peuples soumis à ces violences. Elle est attentive à toutes les formes contemporaines d'expression artistique et aux médias, dont la profusion est liée à une nouvelle économie et à de nouvelles industries de la culture. La méthode d'analyse postcoloniale permet aussi de

dépasser la problématique d'affrontement binaire
(sans pour autant nier les vertus de cet affrontement, car comme le signale Gayatri Chakravorty
Spivak, l'essentialisme étant une stratégie politique,
il y a des moments où il faut affirmer avant tout la
lutte des « damnés de la terre ») imposée par le colonialisme entre la colonie et la métropole. Elle le fait
en s'intéressant à tous les phénomènes complexes
qui traversent la société postcoloniale sans les défi-
nir *a priori* comme le résultat de cet affrontement
binaire. La critique postcoloniale questionne l'idéal
universaliste abstrait de l'Europe, mais aussi la politique de l'État postcolonial qui tend à vouloir effacer les contradictions et les conflits et qui, avant
tout désireux d'échapper à l'analyse critique, s'ar-
range de voir dans le passé colonial la source de
tous ses problèmes. En d'autres termes, la critique
postcoloniale affirme que : « Le dialogue et la critique s'instaurent à l'intérieur de toutes les entités
(désormais ébréchées, fêlées, impures) entre ceux
qui sont portés par la dissémination et la traversée
des frontières et ceux qui s'accrochent aux clôtures
de la taxinomie locale[6]. »

---

6. Abdelwahab MEDDEB, « Ouverture », in *Postcolonialisme.
Décentrement, déplacement, dissémination, Dédale*, printemps 1997, 5
et 6, p. 9-16, cit. p. 12.

La théorie postcoloniale a largement emprunté aux disciplines des sciences sociales et humaines, que ce soit l'anthropologie, la sociologie, l'histoire, la psychanalyse et la critique littéraire. Le structuralisme, le post-structuralisme, et ce qu'on a appelé le post-moderne l'ont fortement influencée. C'est bien ce qui lui a été reproché. Elle a été accusée d'élitisme, d'indifférence coupable à l'économie, de confusion entre texte et réalité, bref d'être une dérive culturaliste, théoriciste et différentialiste[7]. Peut-on, disent ses pourfendeurs, appeler « théorie » quelque chose qui prône l'emprunt, le bricolage, et qui utilise une notion venant de la critique littéraire pour analyser un événement historique ? Le postcolonial semble toujours pouvoir retomber sur ses pieds en argumentant qu'une notion n'est pas utilisée dans tel sens mais dans tel autre, et que de toute façon tout s'interpénètre. Ces critiques, souvent pertinentes, soulignent la fai-

---

7. Sophie DULUCQ, « Critique postmoderne, postcolonialisme et histoire de l'Afrique subsaharienne : vers une "provincialisation" de l'historiographie francophone ? », in *Écrire l'histoire de l'Afrique autrement ?*, *op. cit.*, p. 205-222, cit. p. 220. Je ne donnerai pas ici la liste, trop nombreuse, des textes critiques en langue anglaise comme des réponses à ces critiques. La critique porte essentiellement sur le caractère insuffisamment « matérialiste » des travaux en théorie postcoloniale.

blesse de certaines analyses postcoloniales qui tendent à ne voir le monde que sous forme de représentations, comme si ni l'économie, ni le politique, ni le social n'avaient d'importance. Pour les chercheurs postcoloniaux, cette marginalisation du socio-économique et du politique s'est justifiée dans un premier temps au nom du rejet d'un marxisme déterministe et de la théorie de la colonisation et de la décolonisation qui toutes deux minimisaient la complexité des situations, tout croisement des contenus et des formes, en une vision de part en part manichéenne, pas assez politique, c'est-à-dire pas assez attentive aux zones d'ombre. Cependant, il serait dommage d'en ignorer les avancées.

Les chercheurs postcoloniaux s'appliquent à décentrer le regard pour comprendre comment se forment les stratégies d'identification raciale, ethnique, sexuelle et politique dans des contextes de contacts violents, voire de conflits, entre des systèmes d'identification placés en situation de contact mais en position inégale. Ils cherchent à comprendre comment, dans des moments de transition brutale et accélérée, les individus développent des formes de recours et de solidarité afin de garder un tant soit peu l'idée d'une maîtrise sur le monde qui les entoure. Ces recours peuvent trouver des formes jugées réactionnaires par l'Europe éclairée, mais ils doivent être analysés comme des discours riches de sens. Le but de ces chercheurs, je l'ai dit, est aussi de relire les textes politiques européens pour en proposer une réinterprétation qui prenne en compte l'expérience de l'exception, de l'arbitraire, du pillage et de la violence comme structure du politique en situation coloniale, de dictature, d'apartheid ou de restructuration économique, de manière à ce que ce type de situation ne soit plus renvoyé à de l'exceptionnel, mais soit au contraire analysé comme un moment structurant.

La notion de « postcolonialité » cherche à rendre visibles les nouvelles cartographies des pouvoirs, des zones de contact entre métropole et colonie et entre colonies elles-mêmes. Le monde actuel, qui connaît de profondes mutations, demande que des outils conceptuels soient forgés, qui tiennent compte de l'histoire des empires et de leur défaite. La théorie postcoloniale cherche à rendre compte de ces nou-velles mutations : migrations massives et accélérées, déstructuration sociale, réémergence de politiques où la brutalité et la force sont le droit, repli identi-taire, explosions de violence, domination hégémo-nique du discours de l'économie libérale de marché où tout est marchandise, où tout est à vendre. La théorie postcoloniale se veut transdisciplinaire, attentive aux expressions marginales, aux « minorités », aux nouveaux lieux de résistance (musique, arts plastiques, cultures urbaines, etc.), soucieuse d'observer les nouvelles formes de pouvoir et d'exploitation, l'émergence de régions, de nouvelles routes d'échanges, de villes cosmopolites. L'histoire ne peut être linéaire ; et puisque l'histoire coloniale a fait du déplacement, de l'exil, son principe d'organisation, la Nation ne peut plus être le référent suprême, et la racine ne doit plus être valorisée ni célébrée.

Il ne s'agit pas d'opposer *tradition* et *modernité*, mais de souligner l'interaction entre ces deux champs, la coexistence de traditions dans la modernité, comme la possibilité d'avoir une modernité travaillée par la tradition. L'anthropologue Alfred Kroeber insistait déjà, en 1952, sur « l'échange de matériel culturel entre les civilisations », notant qu'aucune civilisation n'est un objet statique, mais qu'elle est travaillée par des processus de flux, d'échanges ». Arjun Appadurai a depuis proposé d'analyser l'économie globale en termes de *flows* (flux) et de *scapes* (paysages), appliqués aux médias, aux techniques, à la finance, aux images, aux ethnies *(ethnoscapes, mediascapes, technoscapes, finanscapes, ideoscapes)*. La notion de flux est importante, car elle rompt avec l'idée d'une pensée statique, figée, qui ne serait travaillée que par le dehors. Les recherches soulignent la porosité des frontières entre les groupes, la capacité d'adaptation, d'improvisation de groupes qui ne détiennent pas le pouvoir économique ou politique. Ce que la notion de flux cherche à souligner, c'est l'aspect *trans-national*, *trans-continental* en opposition avec une pensée qui avait favorisé l'idée d'une identité nationale ethnicisée, pure, inchangée. *Transculturation, métissage, hybridation, créolisation :* une série de notions a été proposée pour décrire les processus et les pratiques culturelles d'emprunt, de bricolage.

C'est ce bouleversement apporté par la critique postcoloniale qui est fécond. Contrairement à un courant ethnocentrique ou de retour au nativisme qui rejette tout apport de l'Occident, la théorie postcoloniale est celle d'une lecture croisée des textes, d'une attention aux temporalités qui se chevauchent entre Occident et non-Occident, voire entrent en conflit ouvert, d'un refus de voir l'histoire du monde comme celle d'un combat entre le bien et le mal. La théorie postcoloniale insiste sur l'interaction entre métropole et colonie : cette dernière n'est pas le réceptacle passif des lois et des décisions coloniales, elle est aussi le laboratoire de lois d'exclusion, de techniques de discipline et de punition des populations, elle affecte en retour une métropole parfois plus libérale de mœurs et d'idées, parfois plus répressive. La République française, l'identité nationale française, l'expression littéraire et artistique ne se sont pas constituées de manière entièrement imperméable à la colonie. La figure du citoyen cache celle du non-libre, de l'esclave, et s'en sert pour se constituer comme telle, celle d'un individu libre, autonome et rationnel. De son côté, l'affranchi emprunte à la conception du citoyen pour se constituer en homme libre et égal en droits et en devoirs. Si l'on part de l'expérience du colonisé, ce n'est pas une lecture binaire du monde qui se dégagerait (colonisateur *versus* colonisé), même si celle-ci est nécessaire dans un premier temps, mais une vision complexe des forces en présence, des interactions, des influences, des moments de conversation, et des différences qui, loin de renvoyer à une incapacité à saisir l'universel, contribuent à la compréhension du monde. L'étude de ces emprunts, de ces interactions, de ces indifférences aussi privilégie une recherche dans des sources diverses et plurielles. Parce que je viens d'une île qui n'occupe aucune place dans le récit national, La Réunion, île colonisée par la France,

sans passé précolonial, issue de l'esclavage et de
l'engagisme[8], il est important pour moi de dépasser
les problématiques traditionnelles des études coloniales et de reconnaître la porosité des frontières,
l'influence de forces régionales et pas seulement
européennes dans le développement de situations
postcoloniales. « De la postcolonie, il faut dire
qu'elle est une époque d'emboîtement, un espace
de prolifération qui n'est pas seulement désordre,
hasard et déraison ; qui n'est pas non plus impéné-
trable et immobile, mais qui ressort d'une bouffée
violente et ses modes de résumer le monde », écrit
Achille Mbembe. Cette transversalité des problématiques est très importante. Elle permet de ne pas
céder à la tentation si grande pour qui étudie le
colonial et le postcolonial de constituer un système
fermé où ressentiment, indignation, dénonciation

---

8. L'engagisme est le nom donné au système d'immigration par
contrat organisé après l'abolition de l'esclavage. La France est allée
chercher des travailleurs « engagés » dans le sud de Inde, de la Chine
et, là encore, dans quelques pays africains ; ils signaient un contrat au
terme duquel ils acceptaient de travailler cinq ans sur les plantations,
après quoi il pouvaient retourner dans leurs pays respectifs. Le
contrat fut très rarement respecté et les conditions de vie et de travail
des engagés étaient proches de celles des esclaves. De nombreux
engagés restèrent sur les terres où ils avaient été envoyés, ce qui
explique la présence indienne et chinoise dans les colonies françaises
des Amériques et de l'océan Indien.

et victimisation encadrent l'analyse. Ma démarche est tout autre : elle va à l'encontre d'une tradition enracinée dans le discours public, et encore trop souvent dans le discours universitaire, qui limite l'analyse politique et culturelle des sociétés anciennement colonisées à une mise en accusation de la colonisation. La notion d'aliénation culturelle et le paradigme du néo-colonialisme convergent pour mettre en scène un monde de bons et de méchants, où les rôles sont à jamais inamovibles : l'ancienne puissance coloniale aurait tout fait pour empêcher l'émergence d'un sujet véritablement libre et autonome, elle soutient les tyrans locaux ; la population est soit manipulée, soit innocente et victime. Le nativisme est une expression de cette réécriture de l'histoire où l'innocence et la pureté première donneraient rétrospectivement au colonialisme une dimension encore plus meurtrière, encore plus criminelle. L'argument majeur du nativisme tourne autour de la notion d'autochtonie, la défense de l'idée selon laquelle chaque formation aurait sa culture, son historicité, sa façon propre d'être, sans aucun apport externe : il y aurait une « essence » à retrouver. La colonisation est alors vécue comme une parenthèse, une blessure qui doit être guérie, un creux à combler.

On ne peut élaborer une critique du colonialisme comme système politique de l'exercice du pouvoir, d'organisation économique et sociale et de représentativité si on en reste à une posture essentialiste ou morale. La morale n'est pas connaissance, et l'idée que les hommes seraient bons mais trompés ne nous aide en rien. La démocratie est pluraliste et non moniste, et ceux qui ont hérité du monde colonial, par leur expérience de la double conscience, du multilinguisme, du plurireligieux et du pluriethnique, ont une contribution importante à apporter à la relation entre démocratie et différence culturelle. La montée de l'ethnicisation de la mémoire, de l'idéologie victimaire qui psychologise et individualise des situations politiques complexes, et les contre-discours, dont la fonction est de lutter contre le discours occidental en reconstruisant de l'« authentique », du « pur », non seulement manquent d'originalité mais conçoivent le sujet comme être-à-part et non comme être dans le monde. Dans le discours nativiste, le passé est imaginé comme lieu où gît la vérité de soi, falsifiée par la violence coloniale : il suffirait de prendre le contre-pied du cosmopolite, du mélange, de l'universel pour la retrouver, intacte. Il ne faut pas pour autant tomber dans le danger inverse et célébrer le cosmopolite, le mélange, l'entre-deux en oubliant le conflit, la violence, la cruauté, l'inégalité. La vision d'une altérité naturellement acceptée et la certitude que l'harmonie sociale règnerait une fois le métissage accompli tiennent d'une idéalisation des relations sociales et d'un déni des tensions qui traversent toute société. La poussée historique de la barbarisation mondiale, de l'effondrement social et des guerres sécuritaires, la guerre comme mode de vie dans de nombreuses régions du monde nous conduisent à refuser de nous joindre à cette idéalisation. Le monde colonial était aussi un monde complexe, et il n'était pas isolé ni imperméable aux courants d'idées et aux idéologies, importées, réinterprétées. La tendance à voir le monde postcolonial comme entièrement déterminé par l'héritage du passé colonial, les décisions des pays industrialisés ou des multinationales ignore tout autant les nouvelles routes d'échanges et de rencontres, de contacts et de conflits qui font émerger de nouvelles cartographies régionales, avec ses routes où circulent des idées politiques, des discours religieux, du capital financier et culturel, des techniques de représentations et d'identifications, où se trafiquent êtres humains, armes, pierres précieuses. Et ce qui m'intéresse, ce sont ces routes qui reprennent le tracé d'anciennes routes de commerce ou de diasporas ou qui dessinent de nouveaux chemins.

La théorie postcoloniale a voulu complexifier les approches, se méfiant des oppositions binaires, elle a voulu insister sur l'entre-deux, l'échange, le contact. Le colonisé parle toujours au moins *deux* langues, il connaît toujours au moins *deux* cultures ; mais cela, nul ne le considère comme une richesse, car une des deux langues, une des deux cultures ne compte pas, est marginalisée, ignorée, méprisée. Cette richesse cependant doit être réappropriée. *La multiculturalité, le plurireligieux, le métissage, l'hybridation, c'est l'expérience du colonisé* car « la contrainte façonne chez les survivants une réceptivité particulière, une flexibilité dans la pratique sociale, une mobilité du regard et de la perception, une aptitude à combiner les fragments les plus épars[9] ».

L'approche postcoloniale permet d'échapper à la tentation du bien, présente dans le discours de la décolonisation et de la recherche autour du colonialisme et de la décolonisation, autant de discours qui parlent de rédemption, de renouveau, de table rase du passé en vue d'un avenir meilleur où

---

9. Serge GRUZINSKI, *La Pensée métisse*, Paris, Fayard, 1999, p. 86.

le mal (le pouvoir colonial) aurait été terrassé par le bien (incarné par le peuple). De même qu'il fallait réfuter à la fois le modèle biologique de l'histoire de l'humanité (enfance-épanouissement-décadence) où les peuples colonisés étaient dans l'enfance, la théorie de l'inégalité des races humaines et l'idée d'une mission civilisatrice, de même faut-il savoir critiquer le discours et les idéologies de la décolonisation. Aimé Césaire a cédé à cette tentation et, dans *Discours sur le colonialisme* (1955), il oppose systématiquement une innocence et une grandeur des peuples colonisés à la brutalité criminelle des colonisateurs, et il déploie des affirmations qui affaiblissent son argument. La colonisation a « détruit les admirables civilisations indiennes » des Aztèques et des Incas[10] ; mais on pourrait lui rétorquer qu'en admettant même que ces civilisations n'aient pas été « admirables », auraient-elles pour autant mérité d'être colonisées ? Les économies des sociétés africaines précoloniales étaient « naturelles, harmonieuses et viables », écrit Césaire. « C'étaient des sociétés démocratiques, toujours. C'étaient des sociétés

_____

10. Aimé CÉSAIRE, *Discours sur le colonialisme, op. cit.*, p. 19, 20, 21, 29.

coopératives, des sociétés fraternelles. » Ces affirmations suggèrent une hiérarchie des cultures et
des sociétés, ce que précisément les anti-colonia-
listes reprochaient à l'Europe. On le voit, Césaire
n'est pas sans contradictions. Mais il ne s'en tient
pas là, et il questionne ailleurs la notion de pureté.
Il revient sur l'inégalité profonde qui structure le
discours européen alors même qu'il se veut universel ; il interroge la violence fondatrice que
constitue la colonisation et place le fait colonial au
cœur de l'Europe et non à sa périphérie. En cela,
Césaire est un écrivain postcolonial.

Il est aussi possible de relire ses positions sur le
fait d'être noir dans un monde qui a créé cette couleur, lui a donné un sens très précis, la marquant au
sceau du racisme, et d'y voir un dépassement de la
problématique qui lui assigne une identité ethnique. Le sociologue brésilien Livio Sansone a
inventé une expression très parlante qui me paraît
s'appliquer au discours de Césaire, *Blackness
without Ethnicity*[11] (qui pourrait se traduire par la
périphrase : « identité noire sans identité ethnique »). Sansone propose d'analyser *les* négritudes
comme des formes d'identité transnationales pro-

---

11. Livio SANSONE, *Blackness without Ethnicity. Constructing
Race in Brazil*, Londres, Palgrave, 2003.

duites par le Passage du milieu[12] (*Middle Passage*, terme créé par les Africains-Américains pour désigner le voyage dans le bateau négrier entre l'Afrique et les Amériques). Il existerait une « mémoire globale » dans laquelle les individus puisent des styles musicaux, artistiques et linguistiques, où l'Afrique serait utilisée comme une source de symboles, de signes *(symbol bank[13])*. L'identité noire est ainsi conçue comme syncrétique et métisse, et le monde de l'Atlantique noir *(Black Atlantic)* lui confère une dimension cosmopolite, bien éloignée des fantasmes de pureté. En écrivant : « Ma négritude n'est ni une tour ni une cathédrale[14] », Césaire indique qu'il parle avant tout d'une expérience. Il est conscient que : « La négritude a comporté des dangers, cela a tendu à devenir une école, cela a tendu à devenir une église, cela a tendu à devenir une théorie, une idéologie[15]. » Son « je suis Nègre » renvoie à une réalité quotidienne : « Ce n'est pas que

---

12. *Ibid.*, p. 15.

13. Voir sur cet aspect, Sidney MINTZ et Richard PRICE, *Anthropological Approach to the Afro-American Past : A Caribbean Perspective*, Philadelphie, Philadelphia Institute for the Study of Human Issues, 1976.

14. Aimé CÉSAIRE, *Cahier d'un retour au pays natal, op. cit.*, p. 47.

15. Entretien, Paris, 8 décembre 1971, in *Comprendre Aimé Césaire, op. cit.*, p. 197-209, p. 203

je croie à la couleur », dit Césaire, mais dans un monde divisé entre « sauvagerie et civilisation » et où civilisation renvoie à un seul monde, l'Europe, il faut savoir dire « Oui, je suis nègre, et après[16] ? » L'attitude d'un Frantz Fanon était plus politique, moins « culturelle ». Il s'est d'abord opposé au racisme qui emprisonne l'homme noir (le vocabulaire de Fanon comme celui de Césaire est exclusivement masculin) dans des stéréotypes, des clichés, qui veut toujours l'identifier comme « Noir » et jamais comme « homme ». « Ce n'est pas le monde noir qui me dicte ma conduite. Ma peau noire n'est pas dépositaire de valeurs spécifiques », écrit-il dans *Peau noire, masques blancs*[17]. Césaire, pour sa part, donne à l'identité culturelle et à l'histoire une place plus importante : « L'identité : j'ai lutté pour cela [...]. J'ai toujours le sentiment que j'appartiens à un peuple. Je ne suis pas anti-Français. Pas du tout. J'ai une culture française. Mais je sais que je suis un homme qui vient d'un autre continent, je suis un homme qui appartient, qui a appartenu à une autre aire de civilisation et je suis de ceux qui ne renient

---

16. « Aimé Césaire à Maryse Condé », in *Lire*, juin 2004, p. 114-120.

17. Frantz FANON, *Peau noire, masques blancs*, Paris, Seuil, 1952, p. 184.

pas leurs ancêtres[18]. » Là où Fanon cherche à construire une société post-raciale, où la « couleur » n'est plus un identifiant, Césaire revendique une société où être noir est possible sans qu'aucun identifiant négatif y soit associé. Ce n'est pas non plus le signe d'un « plus », mais la revendication d'une histoire, celle de la traite négrière, de l'esclavage et de la dispersion à travers le monde. C'est pourquoi la notion de *Blackness without Ethnicity* est utile. La négritude est alors une « somme d'expériences vécues », une « communauté d'oppression subie », « une manière de vivre l'histoire dans l'histoire : l'histoire d'une communauté dont l'expérience apparaît, à vrai dire, singulière avec ses déportations de population, ses transferts d'hommes d'un continent à l'autre, les souvenirs de croyances lointaines, ses débris de cultures assassinées[19] ». C'est une « prise de conscience de la différence comme

18. « Paroles de Césaire. Entretien avec K. Konaré et A. Kwaté, mars 2003 », in Tshitenge Lubabu Muitibile K. (éd.), *Césaire et nous. Une rencontre entre l'Afrique et les Amériques au XIXᵉ siècle*, Bamako, Cauris Éditions, 2004, p. 9.

19. Discours sur la négritude. Première conférence hémisphérique des peuples noirs de la diaspora, 1987, Miami, Florida International University, Hommage à Aimé Césaire. « Négritude, *Ethnicity* et cultures afro aux Amériques », in Aimé CÉSAIRE, *Discours sur le colonialisme*, *op. cit.*, p. 79-92, cit. p. 81.

mémoire, comme fidélité et comme solidarité » ;
« refus de l'oppression », la négritude est « combat »,
elle est aussi « révolte » contre « le système de la culture tel qu'il s'est constitué pendant les derniers
siècles » « contre le réductionnisme européen »[20].
On s'éloigne de la célébration d'un folklore, d'une
Afrique atemporelle et éternelle, on s'approche
d'une réflexion sur ce que signifie la présence noire
dans le monde, pour l'Europe et pour l'Afrique, tout
en évitant la simplification ou l'idéalisation. La
question raciale est complexe, ambiguë, et tout repli
sur soi devient une autre forme de ségrégation.

Pour chaque expérience, Césaire s'efforce de
souligner que la confrontation à une réalité toujours
complexe est inévitable. Ainsi, il ne fait pas de la
société martiniquaise un havre de paix et de dou-
ceur. Dans les entretiens qu'il a accordés, il n'a
cessé de répéter combien il avait été « très content
de partir » de cette île où, dans sa jeunesse, il « avait
l'impression d'étouffer », d'échapper à cette « société
étroite et mesquine ». Césaire ne construit pas une
enfance créole idyllique, où la vie s'écoule au
rythme des contes et des sucreries. « Laissons mon
enfance, elle n'a pas eu d'importance pour moi...

---

20. *Ibid.*, p. 83-84.

Paris, c'était une promesse d'épanouissement ; en effet, je n'étais pas à mon aise dans le monde antillais, monde de l'insaveur, de l'inauthentique[21]. » Aller en France était un « acte de libération[22] ». Mais l'île reste la source de son inspiration.

La dimension transnationale du monde noir et de ses productions culturelles, soulignée par de nombreux chercheurs, et que *L'Atlantique noir* de Paul Gilroy a rendue familière, s'inscrit dans une problématique qui refuse le repli identitaire, trace une cartographie d'échanges et de contacts, et propose une éthique de la solidarité, « avec nos ancêtres noirs et ce continent d'où nous sommes issus et puis une solidarité horizontale entre tous les gens qui en sont venus et qui ont, en commun, cet héritage[23] ». Cette approche qui transcende les particularismes reste marginale en France où domine une vision binaire qui induit que parler d'une expérience noire

---

21. Joseph JOS, « Aimé Césaire, nègre gréco-latin », in *Aimé Césaire. Une pensée pour le XXIᵉ siècle*, Paris, Présence Africaine, 2003, p. 91-108.

22. Voir par exemple : François BELOUX, « Un poète politique : Aimé Césaire », *Magazine littéraire*, n° 34, novembre 1969. www.magazinelitteraire.com/archives ; Patrice LOUIS, « Aimé Césaire, le Nègre fondamental », *Le Point*, 20 juin 2003, p. 102-104 ; Roger TOUMSON et Simonne HENRY-VALMORE, *Aimé Césaire. Le Nègre inconsolé*, Paris, Syros, 1993, p. 31-32.

23. François BELOUX, « Un poète politique », art. cité.

revient à tomber dans le « communautarisme », car l'individu doit rester un être abstrait, sans histoire et sans culture singulière. Pour Césaire, la « France a toujours été en retard dans ce domaine-là », celui des identités culturelles et singulières, et c'est pour cela qu'elle n'a jamais su repenser le lien avec les départements d'outre-mer où l'aspiration est d'« être autonome au sens politique du terme[24] ».

Il n'est pas question de faire de Césaire un post-colonial *avant la lettre*. Ce serait ridicule, mais il est question d'insister sur une approche césairienne de la postcolonialité, à la fois modelée par le colonialisme et échappant à son emprise.

CÉSAIRE ET L'ESCLAVAGE

Au moment où surgit pour la première fois en France un débat public sur les traces contemporaines de l'esclavage et du colonialisme, les textes de Césaire sur l'esclavage élaborent une généalogie de la pensée, trop souvent oubliée dans les échanges actuels. Les acteurs de ce débat, associa-

---

24. Alain LOUYOT et Pierre GANZ, « Aimé Césaire : "Je ne suis pas pour la repentance ou les réparations" », *L'Express Livres*, 14 septembre 2005, http://livres.lexpress.fr/entretien.asp/.

tifs, élus, intellectuels, journalistes, s'interrogent
sur les raisons pour lesquelles la France a mis tant
de temps à considérer ces chapitres de son histoire.
Les différentes réponses données à cette question
sont importantes, car révélatrices de ce que chaque
groupe investit, des enjeux qu'il y place et de la
manière dont il envisage la relation entre démocratie et différence[25]. Mais surtout, ce qui domine dans
les réponses apportées, c'est la perception d'un
silence organisé, d'une vérité volontairement dissi-
mulée. Certes l'école publique n'a pas donné une
place centrale à l'enseignement de la traite et de
l'esclavage[26], mais des mouvements pour l'inscrip-
tion de cette histoire existent depuis plusieurs
décennies dans les quatre départements[27], ces
anciennes colonies françaises qui ont connu l'esclavage, Guadeloupe Guyane, Martinique, Réunion.
Depuis 1983, les dates respectives de l'abolition de
l'esclavage sont fêtées et fériées ; des ouvrages his-

25. Pour une discussion de ces enjeux, voir Françoise VERGÈS,
« Les troubles de mémoire. Traite négrière, esclavage et écriture de
l'histoire », in *Cahiers d'études africaines*, décembre 2005.

26. Voir sur ce point l'analyse détaillée des programmes et
manuels scolaires dans le rapport du Comité pour la mémoire de l'esclavage, intitulé *Mémoires de la traite négrière, de l'esclavage et de
leurs abolitions*, Paris, La Découverte, 2005.

27. Décret, *JO*, n° 83-1003, 23 novembre 1983, p. 3407.

toriques sont parus, et la loi de mai 2001, votée à l'unanimité, a qualifié la traite négrière et l'esclavage de crimes contre l'humanité. Et Césaire n'a cessé de donner à l'esclavage une place centrale dans ses écrits. Tout cela n'a pas suffi à apaiser les frustrations, et on peut analyser pourquoi existe cette perception du silence comme complot du silence, avant de revenir aux paroles de Césaire.

La présence marginale de l'esclavage renvoie à un point aveugle dans la pensée française. Point aveugle, car comment concilier un récit qui renvoie l'esclavage à du pré-moderne, à de l'arriération, *et* la réalité de la modernité de l'esclavage, c'est-à-dire la concomitance de ce système et de progrès dans l'ordre juridique, philosophique, politique, culturel et économique ? Point aveugle car, pour l'étudier, ne faudrait-il pas revenir sur le projet impérial/colonial et sa relation à la nation, et, par conséquent, revenir sur la place de la « race » au cœur de la nation ? Point aveugle, car ne faudrait-il pas réviser l'épopée abolitionniste ? Il faut rappeler que l'abolition de l'esclavage en 1848 ne constitue pas un moment fondateur pour les colonies, c'est-à-dire qu'elle n'a valeur ni de coupure ni de fondation. Son incapacité à transformer les profondes inégalités économiques et sociales, à pouvoir organiser une vraie riposte au racisme colonial, à promouvoir un débat sur la dépendance de ces territoires par rapport à la France fait de l'abolition un moment ambigu, à la fois date importante et promesse non tenue. L'abolition devient dans le mythe national ce que la France aurait *donné* au monde des esclaves.

La marginalité de ces questions doit être abordée ; il s'agit d'en comprendre les causes et les modalités. Il n'est pas utile de s'attarder à condamner la France, à parler de « culpabilité ». Se situer sur le seul terrain de la culpabilité, sans même justifier pourquoi cette notion dont l'histoire est intimement liée à la pensée chrétienne ou la scène du tribunal serait mieux à même d'apaiser les tensions, mène à une impasse politique.

Dans le mythe national, la France a jusqu'ici choisi de mettre l'accent sur l'abolitionnisme, en gommant à la fois ce qui l'avait précédé et ce qui l'a suivi. L'abolition est inscrite, mais comme vidée de sens. Elle n'appartient pas aux grands récits qui construisent l'identité de la France, ceux des historiens de la fin du XIXe siècle. Les récits sur 1848 indiquent le décret d'abolition, mais comme un exemple entre mille de la grandeur de la République. On ne saura rien de la réalité sociale en vigueur dans les colonies.

NÈGRE JE SUIS, NÈGRE JE RESTERAI

Dans son discours à la Sorbonne, le 27 avril
1948, Césaire souligne combien le décret de l'abolition de l'esclavage passa à peu près inaperçu en
France[28]. Il rappelle que le XIXe siècle est celui de
Hugo, Balzac et Stendhal, c'est-à-dire un grand
siècle pour la littérature et la pensée française, mais
que « dans le même temps, la razzia pille
l'Afrique[29] ». Certes, le décret de 1848, « c'était le
passé réparé, l'avenir préparé, c'était la reconnaissance du nègre jusque-là bête de somme dans la
famille humaine[30] ». Mais l'œuvre de Schœlcher doit
être vue « d'un point de vue non plus historique mais
critique […] à la fois immense et insuffisante[31] ». Car
« le racisme est là. Il n'est pas mort. En Europe, il
attend de nouveau son heure, guettant la lassitude et
les déceptions des peuples. En Afrique, il est présent,
actif, nocif, opposant musulmans et chrétiens, Juifs
et Arabes, Blancs et Noirs, et faussant radicalement
l'angoissant problème du contact des civilisations[32] ».
L'estime de Césaire pour Schœlcher ne l'aveugle

---

28. Aimé CÉSAIRE, *Victor Schœlcher et l'abolition de l'esclavage*,
Lectoure, Éditions Le Capucin, 2004, p. 65.
29. *Ibid.*
30. *Ibid.*, p. 73.
31. *Ibid.*, p. 75.
32. *Ibid.*, p. 70.

pas, il repère chez cet humaniste universaliste, une surestimation de la civilisation européenne, un paternalisme européen[33]. L'esclavage avait été en France « un corps de doctrine, un système, une propagande, une manière de penser, une manière de sentir et une foi tout ensemble[34]... » Aussi, malgré ses principes, la « République hésita » à abolir l'esclavage, et le discours paternaliste abolitionniste prêcha « concorde et patience » après l'abolition. La République s'accommoda de restreindre les droits politiques car, « chez les nègres, nulle préparation à la vie politique », car « les nègres sont de grands enfants, aussi peu capables de connaître leurs droits que leurs devoirs[35] ». On le voit, Césaire est loin de professer une admiration béate pour Schœlcher et l'abolitionnisme républicain. Il reste marqué par l'éducation qu'il reçut avant la Deuxième Guerre mondiale, éducation encore fortement imprégnée de ce qu'on a appelé bien plus tard l'eurocentrisme. Et pourtant, il questionne l'universalisme abstrait de l'Europe et perçoit dans la figure de l'esclave et la réalisation contrariée de

---

33. Discours du 21 juillet 1951, à Fort-de-France, in Aimé CÉSAIRE, *Victor Schœlcher et l'abolition de l'esclavage*, *op. cit.*, p. 86.

34. *Ibid.*, p. 19.

35. *Ibid.*, p. 41.

l'abolition de l'esclavage les sources d'une relation ambivalente aux descendants d'esclaves.

Les remarques de Césaire en 1948 constituent un point de départ pour cette réflexion renouvelée sur l'esclavage souhaitée aujourd'hui. Césaire a déjà compris qu'il existe plusieurs mémoires et plusieurs récits, et que celui de l'abolition de 1848 n'épuise pas la longue histoire de l'esclavage. Elle n'en constitue pas non plus la clôture, car des traces demeurent dans les représentations, qui ont des incidences concrètes dans la vie de tous les jours, plus d'un siècle après son abolition.

Césaire est oublié des générations actuelles qui affirment que personne n'a encore osé dénoncer l'esclavage. Cette ignorance nourrit la conviction qu'il y a eu hégémonie du silence, que ce dernier aurait colonisé tout l'espace de la connaissance. Elikia M'Bokolo déplore cette attitude envers les « fondateurs » et envers la « lecture des textes, le travail sur les textes, qui permet de dire : il a affirmé ceci et cela, si je le récuse, c'est pour telle ou telle raison, mais je garde ceci pour le dépasser[36] ». La faible connaissance des écrits de Césaire

---

36. Elikia M'BOKOLO, « Césaire, penseur du politique », in *Césaire et nous…*, p. 92-101, cit. p. 101.

permet des raccourcis simplistes. Ainsi, sur le site www.grioo.com, Césaire est associé à une position réactionnaire : « En leur temps, les intellectuels noirs tels Aimé Césaire, Léopold Sedar Senghor ou Alioune Diop avaient tenté d'assurer la valorisation du Noir notamment en parlant de négritude. Mais cette philosophie péchait par son caractère réactionnaire et folkorique, en ce sens qu'elle a fini par ne devenir que ce que le colon souhaitait qu'elle devienne[37]. » Or, si Césaire dénonce sans faillir les impasses du colonialisme puis de l'assimilation conservatrice, il ne cède pas à la complaisance qui ferait des colonisés des êtres purs, sans conflits et sans défauts. Il est faux de dire que la philosophie de Césaire est réactionnaire, mais elle ne permet pas la fuite dans le fantasme d'un futur harmonieux.

La « question noire », telle qu'elle se pose aujourd'hui, s'appuie sur un constat : la traite et l'esclavage occupent une position marginale dans le récit national. Dans son rapport, le Comité pour la mémoire de l'esclavage (CPME) insiste sur ce fait :

37. Étienne DE TAYO, « Les défis des intellectuels africains de la diaspora », 14 septembre 2005.

Leur histoire et leur culture [des esclaves] sont constitutives de notre histoire collective, comme le sont la traite négrière et l'esclavage. Or, le récit national n'intègre pas, ou si peu, ce récit de souffrances et de résistances, de silences et de créations.

Le Comité rappelle également que :

L'abolition de l'esclavage est [...] présentée comme un événement dont la République peut légitimement s'enorgueillir. Mais la célébration de l'abolition a jusqu'ici voulu faire oublier la longue histoire de la traite et de l'esclavage pour insister sur l'action de certains républicains et marginaliser les résistances en France et chez les colons à l'abolition de ce commerce et de ce système. Il s'est ensuivi une opposition toujours actuelle des deux mémoires : mémoire de l'esclavage et mémoire de l'abolition – la première associée aux sociétés issues de l'esclavage, la seconde généralement à la France métropolitaine. Conscients de cette opposition, les membres du CPME ont cherché à créer un terrain de rencontre où la mémoire de l'esclavage et la mémoire de l'abolition puissent dialoguer de manière fructueuse et dans un esprit citoyen. C'est sur ce terrain qu'une mémoire partagée pourra se construire et qu'un travail historique pourra se développer[38].

Césaire a souligné la caractère ambivalent de l'abolition. Les affranchis demeurent des colonisés ; ce sont les maîtres qui reçoivent une compensation pour leur « perte », tandis que les inégalités sociales et économiques perdurent... Mais le travail sur l'histoire de la traite négrière et l'esclavage ne doit pas se limiter à des accusations et à des dénonciations. L'esclavage est facile à condamner, il est difficile à comprendre, car comment expliquer que des êtres humains justifient de vendre d'autres êtres humains qui parfois leur sont proches ? Rejeter ce fait aux marges de la « civilisation », l'appeler « barbarie » ne donnent pas d'explications. Comment ce commerce a-t-il pu durer si longtemps ? Qu'a-t-il mis en place comme relais, comme techniques, comme discours en Europe, en Afrique, aux Amériques, dans l'océan Indien pour assurer que les sources ne se tariraient pas ? Comment, malgré la brutalité du système de plantation, les esclaves ont-ils créé des cultures, des langues originales ?

---

38. Je suis vice-présidente du CPME et rapporteur général du texte remis au Premier ministre.

Le débat qui a émergé depuis plusieurs années revient sur ces faits ; mais le savoir restant fragmenté et partiel, les raccourcis simplistes font souche. Cependant, en relisant les textes qui explorent ces questions depuis la décolonisation, on peut dénoncer ces raccourcis et redonner au débat une dimension à la fois plus radicale et plus complexe. Césaire qui répète inlassablement que la traite et l'esclavage sont irréparables ne défend pas une position passive et accablée. Il dit vouloir vivre avec cet irréparable pour mieux le dépasser.

Ce qui se vérifie dans cette difficulté, dans cette indifférence envers l'esclavage et ses héritages, c'est l'impossible intégration de l'esclave dans la pensée moderne. Le colonisé est une figure de la modernité, le double monstrueux de l'homme moderne et civilisé, mais son double quand même. L'esclave appartiendrait au monde pré-moderne, il serait le reste d'un monde barbare et arriéré, et comme tel ne pouvant appartenir à la modernité. Or, ce que montrent les débats sur les droits civiques aux États-Unis ou au Brésil, c'est la modernité de l'esclave comme acteur du débat moderne sur la citoyenneté et l'égalité

Césaire et le colonialisme

Césaire a, dit-il, fait de la politique par hasard. « C'est plus par chance que par vocation que je suis devenu homme politique. Je le dis avec modestie et fierté[39]. » Il est pourtant devenu celui qui a pendant des décennies incarné à l'Assemblée nationale le Parti progressiste martiniquais et le peuple martiniquais. Il est aussi associé à la loi de 1946, dite loi de départementalisation, qui transforme les colonies du premier empire colonial – Guadeloupe, Guyane, Martinique et La Réunion – en départements d'outre-mer (DOM). Ces reliques de l'empire pré-révolutionnaire (ces terres sont colonisées au XVIIe siècle) et pré-républicain (donc antérieures à l'empire colonial constitué à partir de 1830 et qui s'agrandit sous la Troisième République) ont connu l'esclavagisme, le système de plantation, l'engagisme, le travail forcé et le colonialisme

Lorsque débutent les débats de la commission des Territoires d'Outre-mer sur le projet de loi tendant au classement comme départements français de la Guadeloupe, de la Martinique, de La Réunion

---

39. Interview au *Monde*, 6 décembre 1981.

et de la Guyane française, deux positions s'affron-
tent : l'une est partisane de l'assimilation, l'autre de
l'autonomie, mais ni l'un ni l'autre de ces termes
n'ont encore acquis le sens qu'ils auront dix ans
plus tard. En 1946, « assimilation », déclare Césaire,
signifie que les « territoires en question soient
considérés comme le prolongement de la France[40] »,
tandis qu'« autonomie » implique que les conseils
généraux continuent à bénéficier d'une certaine
autonomie budgétaire. Or, pour Césaire et les mouvements anticolonialistes, les conseils généraux
étant aux mains des grands planteurs, ils persiste-
raient à privilégier ces derniers si, devenus auto-
nomes, ils n'étaient pas soumis à la loi républicaine.
Pour chaque position, cependant, il ne fait aucun
doute que l'émancipation de l'ordre colonial passe
par la transformation des colonies en départements.
À relire les déclarations des uns et des autres, on
mesure combien le vocabulaire a changé, mais en
se replongeant dans les archives, on mesure aussi
combien le contexte était différent et déterminant.
L'assemblée devant laquelle la loi fut discutée a été

---

40. Archives de l'Assemblée nationale constituante, Commission
des territoires d'outre-mer, 6 mars 1946. Cité in Françoise VERGÈS
(éd.), *La Loi du 19 mars 1946. Les débats à l'Assemblée constituante*,
La Réunion, CCT, 1996, p. 44.

élue au lendemain de la Libération pour donner une nouvelle constitution à la France. Tout fait débat : une nouvelle organisation du gouvernement, une nouvelle loi de la presse, les dommages aux blessés de guerre, le retour des prisonniers et des survivants des camps d'extermination nazis, le sort des soldats de l'empire colonial, la nationalisation du gaz et de l'électricité. Dans les journaux nationaux, on parle de l'acheminement du blé de l'Union soviétique, du débarquement des troupes françaises au « Tonkin », de la mise en place du procès de Nuremberg, des procès des collaborateurs, mais surtout des vivres qui manquent. Les journalistes font part de ces émeutes où des femmes prennent d'assaut les hangars où sont entreposés des vivres, du charbon et du bois de chauffage qui manquent cruellement. Pas un mot sur ces colonies dont les élus réclament l'intégration dans la « patrie française ». Pas grand-chose non plus sur l'Indochine, l'Algérie ou l'Afrique-Occidentale Française, tout cet empire colonial qui a donné tant de soldats aux troupes alliées. L'adoption de la loi de 1946 rencontre peu d'échos dans la presse française. *Le Figaro* et *L'Aurore* n'en parlent pas, *L'Humanité* la signale brièvement. L'opinion se passionne pour le débat constitutionnel, mais reste indifférente aux soubresauts qui agitent l'empire colonial. Plus grave, le mépris et le racisme règnent. Les soldats coloniaux qui protestent car ils attendent leur solde et leur rapatriement sont ignorés, sinon durement réprimés. Marius Moutet, ministre socialiste de l'Outre-mer, déclare en réponse aux questions sur le massacre des tirailleurs au camp de Thiaroye au Sénégal, que c'était une simple opération de gendarmerie contre des « soldats manipulés par les Allemands[41] ».

La loi de 1946 ne s'inscrit pas comme date politique, et pourtant la demande d'égalité qu'elle exprime pose la question de l'*altérité*. Césaire le redira plus tard :

> D'hommes reconnus depuis des siècles citoyens formels d'un État, mais d'une citoyenneté marginale, comment ne pas comprendre que leur première démarche serait, non de rejeter la forme vide de leur citoyenneté, mais de faire en sorte de la transformer en citoyenneté pleine et de passer d'une citoyenneté mutilée à une citoyenneté tout court[42] ?

---

41. *Ibid.*, p. 11.
42. Cité par Daniel GUÉRIN, *Les Antilles décolonisées, op. cit.*, p. 10.

Cette relecture de la loi de 1946 se dégage de la problématique dominante selon laquelle la décolonisation doit se traduire par la création d'un État-nation. La question posée par les « vieilles colonies » est la suivante : « Vous avez affirmé le droit naturel à l'égalité à travers l'affirmation "Tous les hommes naissent libres et égaux en droit", que vous avez toujours voulu universelle. Mais, outre le maintien d'un état d'exception dans vos colonies, vous avez en 1848 reconnu formellement notre égalité en tant que citoyens, sans la reconnaître dans les faits. Alors, si nous sommes vos égaux, mais que nous sommes exclus des droits qui s'attachent à cet état, qui êtes-vous ? » En d'autres termes : quelle est cette égalité universelle qui ne s'appliquerait qu'à certains individus ? quelle en serait la justification sinon que l'égalité n'est pas un principe universel mais toujours soumis à l'exception ? La question posée en 1946 reste très contemporaine : est-il possible d'être égaux *et* différents sur un même territoire ou, pour être égaux et différents, faut-il suivre la voie tracée par la doctrine nationaliste, c'est-à-dire constater qu'il est impossible de construire un partenariat si deux territoires distincts ne sont pas construits ? C'est la question que de jeunes chercheurs, artistes et militants adressent encore aujourd'hui à la République, à l'occasion du débat autour de la mémoire de la traite négrière et de l'esclavage, et autour de la mémoire coloniale.

La loi de 1946 et son application presque impossible révèlent de nouveau toute la difficulté de la République à lier égalité et altérité. L'égalité apparaît comme un principe formel car, dès qu'il s'agit de la traduire dans les faits, les difficultés émergent. Il n'est d'ailleurs pas sans importance de souligner que l'égalité des droits sociaux ne sera pleinement acquise qu'à la fin des années 1990. Dans ses débats, la commission met à jour toute l'ambiguïté du projet colonial à la sortie de la guerre. Il s'agit d'organiser « l'Union française, c'est-à-dire d'inventer une organisation qui tienne compte à la fois du principe d'égalité, de la très grande diversité des populations colonisées, des intérêts commerciaux, des aspirations nationales qui émergent, du désir de la France de tenir son rang parmi les grandes puissances. Un tel projet semble voué à l'impossible. Respecter la diversité dans les colonies peut-être, mais alors « comment un paysan auvergnat pourra comprendre qu'il n'ait pas le même droit qu'un paysan kabyle à avoir une école conforme à sa religion[43] » ? La conviction existe selon laquelle l'empire colonial pourrait être transformé en une entité administrative de coopération politique et économique, et cela sur la seule base de la bonne volonté. Le préambule du projet de l'Union française affirmait cependant que si l'union devait être « librement consentie » et ses membres jouir de « tous les droits et libertés essentiels de la personne humaine », la France « fidèle à sa mission traditionnelle [guiderait] les peuples pour lesquels elle a pris la responsabilité, vers la liberté de se gouverner et vers l'administration démocratique de leurs propres affaires[44] ». La générosité de la première affirmation était démentie par le maintien des principes de la mission civilisatrice et la place donnée à la France comme guide naturel de peuples pourtant dits « partenaires ». La commission distingue cependant l'avenir des colonies post-esclavagistes de delui du reste des colonies (lié au projet de l'Union française). Leurs élus veulent rester dans la République française.

43. Jacques Bardoux, député du Groupe paysan pendant les travaux de la commission, in Françoise VERGÈS, *La Loi du 19 mars 1946*, *op. cit.*, p. 20.

44. *Ibid.*, p. 12.

S'ils soutiennent les demandes d'autodétermination des autres peuples colonisés, ils ne conçoivent pas la fin du statut colonial dans leurs sociétés en dehors du cadre de la République, de la *res publica*. La singularité des territoires outre-mer a été prise en compte par les gouvernements, disent-ils, mais de manière négative : elle est là pour justifier une exception qui ne cherche pas à compenser des inégalités de traitement, mais les entretient. Césaire rappelle d'ailleurs que « toujours les régimes autoritaires qui se sont installés en France ont pensé que ces territoires devaient être considérés comme "terres d'exception"[45] ». Son rapport devant l'Assemblée nationale constituante reprend les arguments de la gauche anticolonialiste qui défend l'assimilation à la République à travers l'application pleine et entière de ses lois. L'assimilation doit « être la règle et la dérogation l'exception », explique Césaire[46]. Dans ces colonies, les habitants sont soumis « à toutes les brimades d'une administration impitoyable », « livrés sans défense à l'avidité d'un capitalisme sans conscience et d'une admi-

45. *Ibid.*, p. 72.
46. *Ibid.*, p. 77.

nistration sans contrôle » [47]. Césaire dénonce, au nom des populations de ces colonies, les privilèges que la République accorde aux grands propriétaires. Sollicitée, la commission des finances et du budget insiste sur le prix à payer pour assurer l'application d'une telle loi. Cette départementalisation risque de coûter cher aux Français au moment où ils ont tant besoin d'argent pour reconstruire leur pays, insiste la commission. Césaire s'indigne de ce que le principe d'égalité soit examiné à l'aune du porte-monnaie, signalant que des dizaines de milliers de soldats sont venus de l'empire pour contribuer à la libération de la France. Mais la colonie a toujours été l'objet d'âpres discussions budgétaires. La France est écartelée entre, d'une part, son discours de mission civilisatrice, généreuse et qui, par principe, ne se chiffre pas, et, de l'autre, les intérêts de la France, où les règles de la comptabilité s'imposent. Que coûtent *et* que rapportent ces colonies ? On ne le sait pas très bien. Cela n'a jamais cessé de faire débat. D'un côté, la France serait riche de ces colonies ou ex-colonies, de l'autre les populations de ces dernières ne cesseraient de se

---

47. *Ibid.*, p. 80.

conduire en enfants gâtés et ingrats. Plusieurs années après le débat de 1946, un haut fonctionnaire déclare que mettre en œuvre l'égalité sociale pour les populations des futurs DOM reviendrait cher, car « il faudrait pour atteindre ce but [égalité de niveau de vie] que la totalité des Français consente à un abaissement de 25 % à 30 % de leur niveau de vie au profit de nos compatriotes d'outre-mer [...]. Dès lors, il faut avoir le courage de dire que nous ne sommes pas décidés à donner l'assimilation des niveaux de vie. Et puisque nous ne voulons pas donner l'égalité dans tous les droits politiques avec l'égalité économique et sociale, et que nous ne le pouvons pas, il ne faut plus parler d'assimilation[48] ». L'égalité sociale ne fut pas un droit pour l'ex-colonisé, elle fut l'accomplissement de luttes.

La loi mettant fin au statut colonial est votée le 19 mars 1946, mais elle est rapidement vidée de son contenu. Alors que sa proposition avait été violemment attaquée par les droites locales, celles-ci s'en emparent et en développent une dimension qui n'avait pas été particulièrement discutée en 1946 : la dimension culturelle. L'assimilation va devenir le

---

48. Déclaration de M. P.-H. Teitgen, au sujet des pouvoirs spéciaux demandés par Guy Mollet, in D. GUÉRIN, *op. cit.*, p. 12.

mot d'ordre des conservateurs qui y voient l'occasion
rêvée pour nier la pluralité culturelle et religieuse de
ces sociétés ainsi que la spécificité de leur histoire,
celle de l'esclavage, de l'engagisme et du colonialisme. Dans leurs mains, l'assimilation devient, d'une
part, volonté d'homogénéiser les individus, d'effacer
les particularismes, et, d'autre part, répression des
aspirations à traduire ces singularités en actes politiques qui tiennent compte des retards structurels.
Dès 1948, les élus des DOM soulignent le retard pris
dans l'application de la loi, et au cours des années
qui suivent, ils reviennent inlassablement sur les
inégalités qui perdurent. Peu à peu, leur vocabulaire
se fait plus précis, Ainsi, en 1953, Raymond Vergès
demande un vote de l'Assemblée nationale qui « sou-
lignera quels sont les élus qui sont pour ou contre
l'égalité des droits, pour ou contre les discrimina-
tions raciales[49] ». Les améliorations sociales sont
lentes, et les populations s'estiment méprisées, négli-
gées par le gouvernement central. La demande d'autonomie prend forme, et le parti de Césaire va
l'adopter. L'autonomie serait la seule voie vers un
développement cohérent de leur pays, disent ses
défenseurs. Pour ses détracteurs, elle serait la voie

49. Annales de l'Assemblée nationale, Archives de l'Assemblée
nationale, séance du 2 juillet 1953.

ouverte à la séparation avec la France. C'est sur ce
terrain que les affrontements politiques vont avoir
lieu entre la fin des années 1960 et les années 1980,
affrontements souvent violents. Pour les gouvernements, ce qui fait obstacle au développement des
DOM, c'est la natalité : les femmes de ces pays
feraient trop d'enfants. La lutte contre la demande
d'autonomie et le maintien des aides sociales sont liés
– l'autonomie mettrait fin aux aides de la France –,
mais le maintien des aides doit s'accompagner d'une
moralisation de la vie sexuelle. L'alternative est clairement dite : départementalisation, telle que les
conservateurs la comprennent, ou la misère. Pierre
Messmer, ministre d'État chargé des départements et
territoires d'outre-mer, énonce l'alternative en ces
termes, le 11 juin 1971 : « Il faut garder le statut
départemental si l'on veut garder les avantages très
importants, et je pense non seulement aux avantages
matériels mais aussi à la sauvegarde des libertés
publiques. Je suis sûr que tout autre régime abouti-
rait à la disparition de ces libertés, soit à la manière
cubaine, soit à la manière haïtienne[50]. » Et, plus loin,
le ministre ajoute : « Le malaise naît d'abord de la

---

50. *Le Monde*, 11 juin 1971, cité dans Lilyan KESTELOOT et
Barthélemy KOTCHY, *Comprendre Aimé Césaire. L'homme et l'œuvre*,
Paris, Présence Africaine, 1993, p. 182.

surpopulation. » Si Messmer précise que ce n'est pas au gouvernement de « dire aux femmes de faire ou de ne pas faire des enfants », deux politiques sont mises en place, l'une de contraception agressive (au moment où, en France, la contraception est toujours interdite), l'autre d'émigration avec le BUMIDOM. Des dizaines de milliers de Guadeloupéens, Guyanais, Martiniquais et Réunionnais sont envoyés en France à partir des années 1960. Césaire parlera de « génocide de substitution ». Pour certains observateurs, ces territoires sont toujours des colonies, malgré leur statut de département, et l'un des terrains où cette permanence est visible est celui de l'enseignement. C'est l'opinion de Michel Leiris que je cite ici, parce qu'il fut lié à Aimé Césaire par une longue et profonde amitié qui ne prit fin qu'avec la mort de Leiris. Leiris, qui parlait de la « passion d'humanité » de Césaire, déclarera lors du procès de dix-huit jeunes Martiniquais en 1963 : « La France pratique une politique d'assimilation culturelle. L'enseignement est donné comme à de jeunes Français sans tenir compte – ou tenir assez compte – des conditions locales et du passé local[51]. » Leiris

---

51. Daniel GUÉRIN et Michel LEIRIS, « Les Antilles. Département ou colonie ? », *Aletheia*, mai 1964, n° 3, p. 182-186, cit. p. 183.

avait accepté de témoigner au procès des jeunes de l'OJAM (Organisation de la jeunesse anticolonialiste de Martinique), accusés de « complot contre l'Autorité de l'État et d'atteinte à l'intégrité du territoire », accusations qui servirent dans tous les procès contre des militants des DOM ayant contesté la politique de l'État. Au procès, Leiris insista sur la dimension culturelle de la politique coloniale : « Avant d'enseigner l'histoire de France, c'est l'histoire des Antilles qu'il y aurait lieu d'enseigner à de jeunes Martiniquais qui, presque tous, sont les descendants plus ou moins mélangés des esclaves africains amenés par les négriers[52]. » Il existe une langue, la langue créole, poursuit-il, qui n'est pas un patois comme voudraient le faire croire les enseignants français. Leiris rejoignait Césaire dans cette insistance sur le champ culturel comme terrain de conflits et d'échanges, d'affirmation culturelle et de créativité.

Césaire n'a cessé d'analyser ce que signifiait naître et vivre sur une terre créée par la colonisation et où avait sévi l'esclavage, mais il a toujours voulu en comprendre les formes contemporaines. Il a reconnu n'avoir « ni sentiment de culpabilité ni

---

52. *Ibid.* p. 185.

tendresse partisane » pour son rôle dans l'adoption
de la loi de 1946, car il avait clairement averti
qu'elle rencontrerait aussitôt ses limites, faute
d'avoir pris en compte la dimension culturelle.
L'Europe est « indéfendable », écrivait-il dans les
premières pages du *Discours sur le colonialisme*, ce
texte qui mériterait d'être relu à l'heure où un nouveau révisionnisme colonial se fait jour[53]. Pour étudier les contours de la culture, de l'identité, du
nouvel humanisme dont il parlait, il fallait d'abord
étudier les ravages du colonialisme, pour le colonisé *et* pour le colonisateur. Ravages pour le colonisateur aussi, car la « colonisation travaille à [le]
déciviliser, à l'abrutir au sens propre du mot, à le
dégrader, à le réveiller aux instincts enfouis, à la
convoitise, à la haine raciale, au relativisme
moral[54] ». Compter les ponts et les routes, comme
on le fait de nouveau aujourd'hui dans les apolo-
gies du colonialisme, ne peut masquer la petitesse
du monde colonial, décrite même par les écrivains
coloniaux[55]. Le *Discours sur le colonialisme*, texte

---

53. Aimé Césaire, *Discours sur le colonialisme, op. cit.*, p. 7.

54. *Ibid.*, p. 11.

55. Voir encore des exemples dans l'ouvrage récent de Jacques
Weber (éd.), *Littérature et histoire coloniale*, Paris, Les Indes
savantes, 2005.

encore fortement marqué par l'hégélianisme marxiste, est une charge virulente contre la destruction, la brutalité, la violence inévitablement produites par toute forme de colonialisme, et par là, rappelle l'impasse de ce projet.

L'inaccomplissement de 1946 renvoie au cœur sombre de la démocratie, ce qu'elle cache, mais qui la rattrape : la notion de race. C'est cette impasse théorique où se trouve une pensée française, qui peine à donner « droit de cité » aux savoirs produits par les peuples anciennement dominés, qui fait obstacle en 1946 à une demande de démocratisation. Mais plus encore, il faut noter combien cet épisode reste ignoré, rejeté à la marge pour les chercheurs et penseurs. L'histoire des peuples qui s'invitent à l'Assemblée nationale constituante en 1946 ne les inscrit pas dans l'épopée de la décolonisation telle qu'elle s'écrit en France, dans la fureur et dans le sang, dans l'exil et la relégation. La guerre d'Algérie en est le prototype, et chacun peut y trouver sa place : l'intellectuel engagé, le colon pauvre, le colonisé affamé, le révolté, le réprouvé, une république attaquée dans ses principes, tout cela dans une dramaturgie ordonnée, source infinie de réécritures. Or les départements d'outre-mer n'affichent aucune de ces images

romantiques, mais des élus apparentés communistes, des syndicats réclamant l'égalité des droits
sociaux, un vocabulaire « républicain », etc.

La demande d'égalité dans la République a
paradoxalement exclu ces populations du récit
national, car l'écriture de l'histoire politique est
régie par des règles précises : il lui faut des tribuns,
des héros romantiques, des morts brutales, des
scènes où la République rejoue sa légitimité dans
des actes tragiques. Là, nous avons des débats par-
lementaires sur la fraude électorale, l'égalité des
salaires, le manque de lait ou de cantines dans les
écoles, l'absence de protection sociale, de soins
prénataux et postnataux, etc. Cela manque de
gloire. Le chapitre de la lutte pour l'égalité sociale
en postcolonie n'est pas habité par le grand souffle
des moments révolutionnaires. Le récit d'un compromis au cours duquel les principaux partenaires
essayent de convaincre de la justesse de leurs positions n'exerce pas la même séduction que des his
toires de héros. La dignité retrouvée sur les ruines
d'un colonialisme vaincu offre un récit plus drama-
tique que le récit d'une dignité revendiquée à partir de discussions, compromis et négociations. Il est
évident que je ne remets pas en cause les souffrances des peuples luttant pour leur libération

nationale, ni la légitimité de leur demande. Ce que je souligne, c'est le statut du récit. L'organisation hiérarchique des récits d'émancipation n'est pas sans conséquences théoriques. Il ne saurait y avoir de compétition des victimes, il ne saurait y avoir une hiérarchie des récits.

Cependant, c'est faire une lecture rapide des textes de cette génération que de l'accuser d'avoir voulu s'assimiler, c'est-à-dire se fondre dans l'identité française. C'est parce que la pensée politique française peine à penser l'autonomie de ses régions – à la différence de leurs équivalents espagnols, allemands ou anglais qui fonctionnent ainsi sans que l'unité nationale se sente automatiquement menacée – que le contenu de la demande de 1946, puis de la demande d'autonomie, a été ignoré au profit d'une posture rigide arc-boutée sur la question du « statut ». C'est la forme qui a primé sur le fond : rattachement à la France ou séparation, telle est l'alternative dans laquelle la France a enfermé toute discussion sur une révision des relations entre elle et ces territoires. « On ne demandait pas de devenir l'autre, on demandait à être son égal, et on disait, après tout, si on devenait citoyen français, eh bien, cela comporterait un certain nombre de droits, et un certain

nombre d'inégalités disparaîtraient[56] », précisait
encore Césaire en 1972. Cette difficulté à penser
l'autonomie n'a pas été le monopole des conservateurs. Dans sa lettre de démission du Parti communiste français à Maurice Thorez, Césaire fusti-
geait chez les communistes français « leur
assimilationnisme invétéré ; leur chauvinisme
inconscient ; leur conviction passablement primaire − qu'ils partagent avec les bourgeois
européens − de la supériorité omnilatérale de
l'Occident ; leur croyance que l'évolution telle
qu'elle s'est opérée en Europe est la seule possible ; la seule désirable ; qu'elle est celle par
laquelle le monde entier devra passer ; pour tout
dire, leur croyance rarement avouée, mais réelle, à
la civilisation avec un grand C ; au progrès avec
un grand P (témoin leur hostilité à ce qu'ils appel-
lent avec dédain le "relativisme culturel", tous
défauts qui bien entendu culminent dans la gent
littéraire, qui à propos de tout et de rien dogma-
tise au nom du parti)[57] ».

---

56. Aimé CÉSAIRE, conférence de presse à l'Université de Laval,
Québec, 1972, in Lilyan KESTELOOT et Barthélemy KOTCHY,
Comprendre Aimé Césaire. L'homme et l'œuvre, op. cit., p. 185.
57. Lettre à Maurice Thorez, publication du Parti progressiste
martiniquais, s.d. (Archives de l'auteur).

« On voudrait une association et pas une domination. Tant pis pour les hommes politiques français
s'ils ne conçoivent pas d'alternative, s'ils donnent le
choix entre la sujétion et la séparation », déclare
encore Césaire près de vingt ans plus tard[58]. C'est
bien là où le bât blesse : l'impossibilité de penser la
relation en dehors de ces deux extrêmes. La question politique est posée : la République peut-elle
être diverse ? Peut-elle accepter d'avoir pour égaux
celles et ceux qu'elle a colonisés ? Césaire et ses
amis de 1946 voulaient dissiper l'opacité qui entou-
rait la présence, dans la France, de citoyens oubliés,
ignorés parce qu'ils étaient descendants d'esclaves
et de colonisés, et, en faisant apparaître leur présence, révéler une diversité et une altérité qui ques-
tionneraient un nationalisme ethno-racial. Or, toute
discussion sur race et racisme en France devrait
prendre en compte la relation entre égalité et hiérarchie raciale héritée de la traite, politique et culture, domination raciale et désir racial, et à cette fin
reprendre l'histoire de ces territoires. S'il est parfois
question de la race quand on analyse l'empire colonial, il est frappant de constater que la plupart des

---

58. Aimé CÉSAIRE, conférence de presse à l'Université de Laval, in
KESTELOOT et KOTCHY, *op. cit.*, p. 189.

travaux ne font jamais apparaître la figure de l'esclave. Dans la majorité des études sur le racisme, c'est le colonisé qui est la figure centrale. Or l'esclave est à jamais racialisé dans l'imaginaire européen : être esclave, c'est être Noir, et être Noir c'est être destiné à l'esclavage ; l'abolition de l'esclavage n'a pas mis fin à l'équivalence : Noir = esclave. L'affranchi de 1848 est un citoyen colonisé, soumis à un cadre législatif d'exception (les *senatus consulte*). La conception républicaine de la citoyenneté est universaliste, car elle exige la disparition des particularismes, mais cette universalité est fondée sur l'idée de raison, entachée par l'idéologie raciale qui affirme que certains êtres humains sont plus doués de raison que d'autres. Certains seraient *plus citoyens que d'autres*. Les colonisés n'ont cessé de souligner cette contradiction.

Pour toute une génération cependant, 1946 reste un événement honteux. Pour Raphaël Confiant, cette loi pèse comme un « péché originel » sur les Antilles[59]. Dans son analyse, développée par un « fils qui pense avoir été trahi par ses pères et pour commencer par le premier d'entre

---

59. Raphaël CONFIANT, *Aimé Césaire. Une traversée paradoxale du siècle*, Paris, Stock, 1994, p. 32.

eux, Aimé Césaire » – et où l'on note l'absence totale des femmes –, le reproche s'accompagne d'une déception et d'une frustration, celles d'avoir à vivre dans un pays toujours soumis à une logique déterminée ailleurs, sur laquelle on a peu de prise. Toute personne ayant vécu dans un DOM peut comprendre cette frustration. On bute souvent contre les limites de l'universalisme français ; on perd une énergie terrible à expliquer qu'on ne veut pas tomber dans le communautarisme, car on a historiquement souffert du communautarisme dans les colonies (en effet, un des premiers exemples de ce phénomène est le *communautarisme colonial*, celui des « Blancs », qui ne veulent rien savoir de la société qui les entoure et vivent entre eux, de manière fermée), mais que l'on cherche à faire inscrire et reconnaître une histoire et une culture. Revenir sur la relation entre égalité et altérité, sur la culture de la peur du « largage » par la France, entretenue et brandie régulièrement pendant des décennies, permet de signaler d'autres voies d'analyse que celle du regret. Il faut savoir redonner au débat qui organise les relations entre la France et ces terres toute sa dimension politique.

L'ACTUALITÉ DE CÉSAIRE

Relire Césaire aujourd'hui, c'est donc faire un travail de généalogie. Ses textes annoncent le débat lancé à nouveau depuis quelques années pour un monde plus juste et sans racisme, qui fait écho aux demandes et analyses des jeunes femmes et des jeunes hommes du Paris noir des années 1930 qu'il connut[60]. C'est aussi revenir sur la notion de « race » et sur son rôle dans la pensée française, et, à travers cette notion de race, revenir sur la place du « nègre ». L'universalisme républicain français rejette violemment toute tentative de « distinguer » des groupes par leur origine ethnique et culturelle. Cet universalisme se veut généreux par son refus même de reconnaître ce qui différencie. Ainsi, chacun serait neutre, donc égal. L'histoire est cependant têtue, et elle ne cesse de rappeler que les prin-

---

60. Voir Pascal BLANCHARD, Éric DEROO et Gilles MANCERON (éd.), *Paris noir*, Paris, Hazan, 2001 ; Philppe DEWITTE, *Les Mouvements nègres en France pendant l'entre-deux guerres*, Paris, L'Harmattan, 1985 ; Bennetta JULES-ROSETTE, *Black Paris. The African Writers' Landscape*, Chicago, University of Illinois Press, 1998 ; Tyler STOVALL, *Paris Noir. African-Americans in the City of Light*, New York, Houghton Mifflin, 1996.

cipes ne suffisent pas, qu'il faut s'attarder à comprendre comment les individus vivent ensemble, ce qui les tient ensemble. Ce n'est pas l'individu neutre qui construit avec d'autres individus neutres une société, mais les individus qui se constituent dans et par la vie en société. Dans une société où les individus ont été constitués comme inférieurs et donc traités en tant que tels, affirmer que cela va à l'encontre de principes est dérisoire. En 1955, dix ans après la loi de l'égalité, son ami, Michel Leiris constatait, en parlant de la Martinique et de la Guadeloupe, que c'est une « économie de type colonial qui persiste ». Leiris soulignait que le travail du gouvernement était d'« amener les Martiniquais et les Guadeloupéens de couleur, aujourd'hui citoyens français, à une égalité *concrète* (point seulement juridique)[61] ». Il exprimait ainsi l'enjeu : « Trouver sa voie en une position telle qu'on ne peut ni adhé-

---

61. Michel LEIRIS, *Contacts de civilisation en Martinique et en Guadeloupe*, Paris, Gallimard/UNESCO, 1955, p. 10, souligné par Leiris. Leiris avait obtenu une bourse d'études du ministère de l'Éducation nationale à l'occasion de la célébration du centenaire de la Révolution de 1848. Il y séjourna du 26 juillet au 13 novembre 1948 et rencontra Césaire parmi d'autres intellectuels. Son but, écrivait-il, était de faire « un examen critique des moyens mis en œuvre en vue d'intégrer à la vie de la communauté nationale les groupes humains d'origine non européenne établis aux Antilles françaises », p. 9.

rer absolument à la culture diffusée par une métropole lointaine (en peuplement comme aux conditions de vie très différents), ni recourir à l'appui d'une culture de tradition ancienne, qui à quelque degré serait culture nationale, représente, évidemment, un difficile problème[62]. » Césaire l'avait exprimé en ces termes : « Il y a deux manières de se perdre : par ségrégation murée dans le particulier ou par dilution dans "l'universel"[63]. » Il appelait à la « force d'inventer au lieu de suivre » et affirmait sa « volonté de ne pas confondre alliance et subordination[64] ». Ayant expérimenté le paternalisme colonialiste de la gauche et du communisme français, Césaire avait compris qu'il fallait créer de nouvelles formes de relation. Ce qu'il proposait pour la littérature, un « emploi pirate de la langue », une « piraterie[65] », peut s'appliquer au politique : emploi pirate des promesses de liberté et d'égalité pour les libérer de leur héritage ethnicisant, issu de l'esclavage et du colonialisme.

---

62. *Ibid.*, p. 113.

63. Aimé CÉSAIRE, *Lettre à Maurice Thorez. Discours à la Maison du Sport*, Fort-de-France, Parti progressiste martiniquais, c. 1956, p. 21 (Archives de l'auteur).

64. *Ibid.*, respectivement, p. 21 et 15.

65. Aimé CÉSAIRE, « Et la voix disait pour la première fois : Moi, Nègre », *Le Progressiste*, 21 juillet 1978 (Archives de l'auteur).

Les chercheurs, tels que Paul Gilroy, reconnaissent leur dette envers Césaire qui, de manière éloquente, analysa comment le colonialisme affectait l'Europe en son cœur même[66]. Lorsque Césaire évoque un « nouvel humanisme », il ne cherche pas, comme il le dit lui-même de manière ironique, « un nouveau catéchisme ». Ce qu'il propose, c'est une réflexion qui ne rejette pas l'histoire coloniale à la marge, mais au contraire la confronte et la questionne. Dans les métropoles européennes, on entend de nouveau des voix qui s'inquiètent des demandes d'égalité et de reconnaissance des différences. Ce qui est exigé est un « droit de cité », une Europe qui accepte de revenir sur l'« ensauvagement » qui l'habite et que décrivit Césaire.

---

66. Paul GILROY, *After Empire. Melancholia or Convivial Culture ?*, Londres, Routledge, 2004.

Chronologie

26 juin 1913 : naissance d'Aimé Césaire, à Basse-Pointe, Martinique, deuxième enfant d'une famille de sept. Son père est contrôleur des contributions, sa mère, femme au foyer.

1919-1924 : études à l'école primaire de Basse-Pointe.

1924 : obtention d'une bourse pour le lycée Victor Schœlcher à Fort-de-France. Il aura comme professeurs Gilbert Gratiant, connu pour son action en faveur de la culture martiniquaise, et Octave Mannonni, auteur de *Psychologie de la colonisation*, texte que Césaire attaquera dans son *Discours sur le colonialisme*.

1931 : fondation à Paris de la *Revue du monde noir* qui comptera six numéros. Deux jeunes Martiniquaises, Paulette et Andrée Nardal, étudiantes à Paris, tiennent un salon. Elles y reçoivent des poètes et écrivains antillais, comme René Maran, lauréat du Goncourt en 1921, ou de la Harlem Renaissance (Langston Hughes, Claude McKay). Exposition coloniale à Paris.

septembre 1932 : arrivée d'Aimé Césaire à Paris. Il entre en hypokhâgne au lycée Louis-le-Grand et rencontre Léopold Sedar Senghor, avec qui il lie une amitié indéfectible.

1933-1934 : khâgne.

1934 : fondation de la revue *L'Étudiant Noir* par Louis Gontran Damas, Léopold Sedar Senghor et Aimé Césaire. Suzanne Roussy (future Suzanne Césaire) collabore à la revue. Césaire y emploie pour la première fois le mot « négritude ».

1935 : Césaire réussit le concours d'entrée à l'École normale supérieure, Il passe l'été en Dalmatie avec son ami yougoslave, Petar Guberina. Il commence à écrire *Cahier d'un retour au pays natal*.

1936 : Césaire lit *Histoire de la civilisation africaine* par Frobenius, dont la traduction est parue chez Gallimard.

1937 : Césaire épouse Suzanne Roussy.

1938 : Césaire met le point final au *Cahier* et prépare sa sortie de l'ENS avec un mémoire sur les écrivains noirs américains : *Le Thème du Sud dans la littérature négro-américaine des USA*.

1939 : publication de *Cahier d'un retour au pays natal* par la revue *Volontés*.
Départ de Césaire pour la Martinique.
Aimé et Suzanne Césaire sont affectés comme professeurs au lycée Victor Schœlcher à Fort-de-France. Il y aura comme élèves Édouard Glissant et Frantz Fanon.

1941 : création de la revue *Tropiques* avec Suzanne Césaire, René Ménil, Aristide Maugée et Georges Gratiant.
Rencontre avec André Breton à la Martinique.

1943 : André Breton écrit la préface à l'édition bilingue du *Cahier d'un retour au pays natal,* dans la revue *Fontaine*, n° 35.

1944 : Césaire fait une tournée de conférences à Haïti.

1945 : Césaire est élu maire de Fort-de-France et député apparenté communiste à l'Assemblée nationale constituante.

1946 : Césaire est rapporteur pour la loi du 19 mars 1946 tendant à transformer les colonies de la Guadeloupe, la Guyane, la Martinique et La Réunion en départements français.
Publication des *Armes miraculeuses* et de la pièce *Et les chiens se taisaient.*

1947 : création avec Alioune Diop de la revue *Présence africaine.*

1948 : publication de *Soleil cou coupé.*
Parution de l'*Anthologie de la nouvelle poésie nègre et malgache* avec une préface de Jean-Paul Sartre qui consacre le mouvement de la négritude.

1949 : parution de *Corps perdu.*

1950 : parution de *Discours sur le colonialisme.*

CHRONOLOGIE

1956 : le premier « Congrès des écrivains et artistes noirs » se tient à Paris. Césaire y présente une communication intitulée « Culture et colonisation ».
Lettre de démission du Parti communiste français.
Césaire écrit la préface des *Antilles décolonisées* de Daniel Guérin.

1957 : fondation du Parti progressiste martiniquais, à son initiative.

1959 : deuxième « Congrès des écrivains et artistes noirs » à Rome, où Césaire présente « L'homme de culture et ses responsabilités ».

1960 : parution de *Ferrements*.

1961 : préface de *Les Bâtards* de Bertène Juminer.

1993 : Césaire renonce à ses responsabilités de député-maire.

Bibliographie[1]

ŒUVRES PRINCIPALES

Œuvres complètes, 1. Poèmes, 2. Théâtre, 3. Œuvre historique et poétique, Fort-de-France, Desormeaux, 1976.

Essais

Discours sur le colonialisme, Paris, Présence Africaine, 1955.
Toussaint Louverture. La Révolution française et le problème colonial, Paris, Présence Africaine, 1961-1962.

---

1. Établie d'après www.lehman.cuny.edu et www.cesaire.org. Sur la vie de Césaire, consultez le site www.cesaire.org, la biographie de Roger Toumson et Simonne Valmorre et celle, plus polémique, de Raphaël Confiant.

Victor Schœlcher et l'abolition de l'esclavage, Lectoure, Éditions Le Capucin, 2004 ; réédition d'un ouvrage de 1948, *Esclavage et colonisation*, Paris, PUF, 1948.

Poésie

Cahier d'un retour au pays natal, Paris, Présence Africaine, 1939, 1960.

Soleil cou coupé, Paris, Éd. K, 1948.

Corps perdu (gravures de Pablo Picasso), Paris, Éditions Fragrance, 1950.

Ferrements, Paris, Seuil, 1960, 1991.

Cadastre, Paris, Seuil, 1961.

Les Armes miraculeuses, Paris, Gallimard, 1970.

Moi Laminaire, Paris, Seuil, 1982.

La Poésie, Paris, Seuil, 1994.

Théâtre

Et les chiens se taisaient, Paris, Présence Africaine, 1958, 1997.

La Tragédie du roi Christophe, Paris, Présence Africaine, 1963, 1993.

Une Tempête, d'après La Tempête *de Shakespeare : adaptation pour un théâtre nègre*, Paris, Seuil, 1969, 1997.

Une Saison au Congo, Paris, Seuil, 1966, 2001.

Enregistrement audio

Aimé Césaire, Paris, Hatier, « Les Voix de l'écriture », 1994.

SUR CÉSAIRE

ARNOLD, A. James, *Modernism and Négritude : the Poetry and Poetics of Aimé Césaire*, Cambridge, MA, Harvard University Press, 1981.

CAILLER, Bernadette, *Proposition poétique : une lecture de l'œuvre d'Aimé Césaire*, Sherbrooke (Québec), Naaman, 1976 ; Paris, Nouvelles du Sud, 2000.

CARPENTIER, Gilles, *Scandale de bronze : lettre à Aimé Césaire*, Paris, Seuil, 1994.

CONFIANT, Raphaël, *Aimé Césaire. Une traversée paradoxale du siècle*, Paris, Stock, 1994.

DELAS, Daniel, *Portrait littéraire*, Paris, Hachette, 1991.

FRUTKIN, Susan, *Aimé Césaire. Black Between Worlds*, Coral Gables (Floride), University of Miami, 1973.

HALE, Thomas, A., « Les écrits d'Aimé Césaire. Bibliographie commentée », in *Études françaises*,

t. XIV, n°s 3-4, Montréal, Les Presses de l'Université de Montréal, 1978

HENANE, René, *Aimé Césaire, le chant blessé : biologie et poétique*, Paris, Jean-Michel Place, 2000.

HOUNTONDJI, Victor M., *Le Cahier d'Aimé Césaire. Éléments littéraires et facteurs de révolution*, Paris, L'Harmattan, 1993.

IRELE, Abiola (éd.), Introduction, commentaires et notes en anglais de l'édition en français de *Cahier d'un retour au pays natal*, Columbus, Ohio State University Press, 2000.

KESTELOOT, Lilyan, *Aimé Césaire*, Paris, Seghers, 1979.

KUBAYANDA, Josaphat Bekunuru, *The Poet's Africa. Africaness in the Poetry of Nicolas Guillén and Aimé Césaire*, New York, Greenwood Press, 1990.

LEBRUN, Annie, *Pour Aimé Césaire*, Paris, Jean-Michel Place, 1994.

LEINER, Jacqueline, *Aimé Césaire : le terreau primordial*, Tübingen, G. Narr, 1993.

LOUIS, Patrice, *Aimé Césaire. Rencontre avec un nègre fondamental*, Paris, Arléa, 2004.

MBOM, Clément, *Le Théâtre d'Aimé Césaire ou La primauté de l'universalité humaine*, Paris, Nathan, 1979.

BIBLIOGRAPHIE

MOUTOUSSAMY, Ernest, *Aimé Césaire : député à l'Assemblée nationale, 1945-1993*, Paris, L'Harmattan, 1993.

NGAL, Georges, *Aimé Césaire, un homme à la recherche d'une patrie*, Paris, Présence Africaine, 1994.

NNE ONYEOZIRI, Gloria, *La Parole poétique d'Aimé Césaire : essai de sémantique littéraire*, Paris, L'Harmattan, 1992.

OWUSU-SARPONG, Albert, *Le Temps historique dans l'œuvre théâtrale d'Aimé Césaire*, Sherbrooke (Québec), Naaman, 1986 ; Paris, L'Harmattan, 2002.

PALLISTER, Janis L., *Aimé Césaire*, New York, Twayne Publishers-Maxwell Macmillan International, 1991.

RÉJOUIS, Rose-Myriam, *Veillées pour les mots. Aimé Césaire, Patrick Chamoiseau et Maryse Condé*, Paris, Karthala, 2005.

RUHE, Ernstpeter, *Aimé Césaire et Janheinz Jahn. Les débuts du théâtre césairien. La nouvelle version de Et les chiens se taisaient*, Würzburg, Königshausen & Neumann, 1990.

SCHARFMAN, Ronnie Leah. *Engagement and the Language of the Subject in the Poetry of Aimé Césaire*, Gainesville, University of Florida Press, 1987.

SONGOLO, Aliko, *Aimé Césaire : une poétique de la découverte*, Paris, L'Harmattan, 1985.

TOUMSON, Roger et HENRY-VALMORE, Simonne, *Aimé Césaire, le nègre inconsolé*, Paris, Syros, 1994.

TOWA, Marcien, *Poésie de la négritude : approche structuraliste*, Sherbrooke (Québec), Naaman, 1983.

Ouvrages collectifs

TSHITENGE Lubabu Muitibile K. (éd.), *Césaire et Nous. Une rencontre entre l'Afrique et les Amériques au XXIe siècle*, Bamako, Cauris Éditions, 2004.

Centre césairien d'études et de recherches, *Aimé Césaire. Une pensée pour le XXIe siècle*, Paris, Présence Africaine, 2003.

Aimé Césaire ou l'Athanor d'un alchimiste : Actes du premier colloque international sur l'œuvre littéraire d'Aimé Césaire, Paris, 21-23 novembre 1985, Paris, Éditions caribéennes, 1987.

Aimé Césaire, numéro spécial d'*Europe* (832-833), septembre 1998.

Césaire 70, travaux réunis et présentés par Mbwil a Mpaang Ngal et Martin Steins, Paris, Silex, 2004.

LEINER, Jacqueline (éd.), *Soleil éclaté : mélanges offerts à Aimé Césaire à l'occasion de son soixante-dixième anniversaire*, Tübingen, G. Narr, 1985.

THÉBIA-MELSAN, Annick et LAMOUREUX, Gérard (éd.), *Aimé Césaire, pour regarder le siècle en face*, Paris, Maisonneuve et Larose, 2000.

TOUMSON, Roger et LEINER, Jacqueline (éd.), *Aimé Césaire, du singulier à l'universel* (Actes du colloque international de Fort-de-France, 28-30 juin 1993), numéro spécial d'*Œuvres et Critiques*, 19.2 (1994).

FILMS

Aimé Césaire, un homme, une terre, documentaire réalisé par Sarah Maldoror, écrit par Michel Leiris, CNRS, « Les amphis de la cinquième », 1976.

Aimé Césaire, une voix pour l'histoire (en quatre parties), réalisé par Euzhan Palcy, 1994.

Table

Impression Bussière en février 2006
Éditions Albin Michel
22, rue Huyghens, 75014 Paris
www.albin-michel.fr
ISBN : 2-226-15878-2
N° d'impression : 060452//1
N° d'édition : 24270
Dépôt légal : novembre 2005
Imprimé en France